Mineralien - wo sie entstehen können

Pyrit (**1**) und gediegener Schwefel (**2**) sind Mineralien, die exhalativ entstehen können. Beide bilden große Lagerstätten.

Sphalerit (Zinkblende, **3**) und Proustit (**4**) sind zwei hydrothermal entstandene Mineralien. Die Mineralien dieser Phase bilden sich aus Lösungen, die zum überwiegenden Teil aus Wasser, Kohlendioxid, Siliziumoxid und gelösten Schwermetallen bestehen.

Ein typisches und von Sammlern begehrtes Mineral der pegmatitischen Phase ist neben Turmalin und Aquamarin der Topas (**5**). Bereits bei hohen Temperaturen bilden sich - unter Abkühlung - die ersten Kristalle, wie z.B. der Magnetit (**6**).

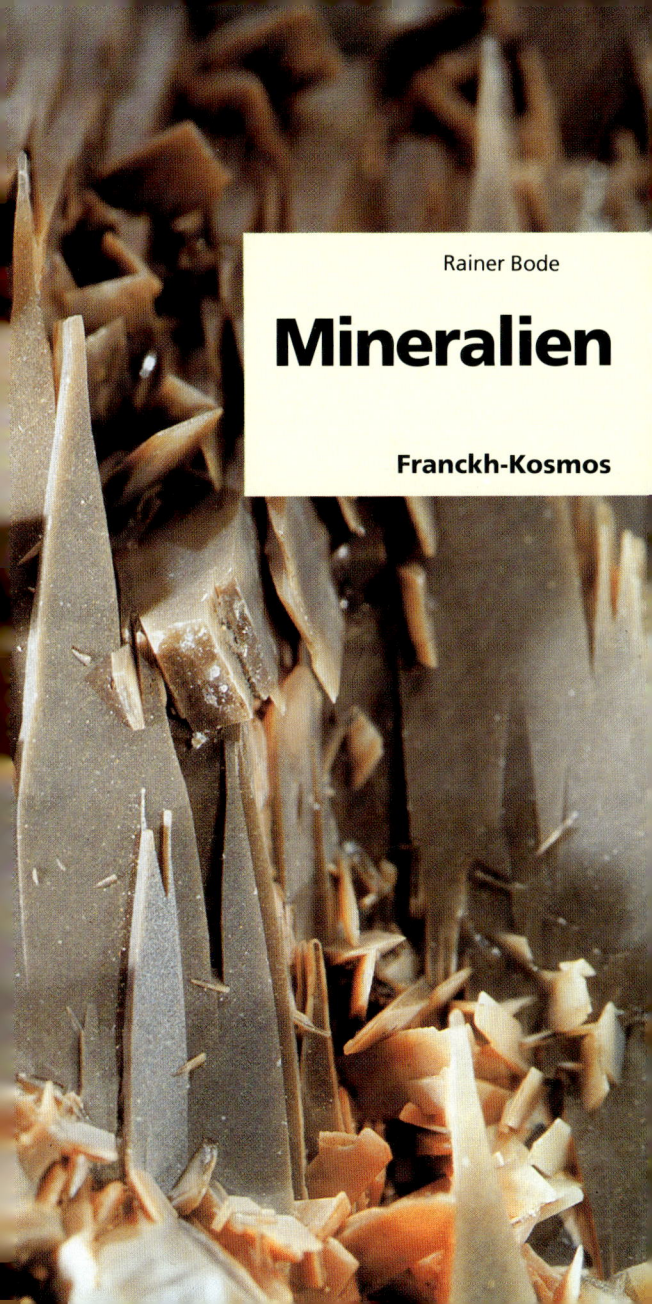

Rainer Bode

Mineralien

Franckh-Kosmos

Zu diesem Buch

Mineraliensammeln gehört zu einem der faszinierendsten Hobbys überhaupt. Während man es beim Briefmarkensammeln mit Objekten zu tun hat, die es 20, 30 und mehr Millionen Mal in hundertprozentig gleicher Art gibt, während z. B. der Schmetterlingssammler nur geringe Abweichungen innerhalb der Arten bemerken kann, findet ein Mineraliensammler ausschließlich Unikate – kein in natürlicher Umgebung entstandenes Mineral, keine Kristallgruppe gleicht anderen. Und noch etwas unterscheidet den Mineraliensammler von anderen Sammler „typen": Während Briefmarken, Bierdeckel oder Zuckerwürfel immer wieder neu gedruckt oder hergestellt werden können, gibt es bei den Mineralien nur sehr begrenzt „Nachschub"; allenfalls Gips, Schwefel oder Halit können sich unter günstigen Bedingungen in relativ kurzer Zeit bilden. Insofern muß ein Mineraliensammler sehr umweltbewußt bei seinem Hobby vorgehen – nicht nur, daß er selbstverständlich an den Fundstellen seinen Müll wieder mit nach Hause nimmt. Einen Leitfaden oder Führer zum Sammeln von Mineralien zu geben, wird immer ein kritisches Unterfangen bleiben – gerade aus den eben genannten Gründen. Besonders schwierig wird es bei einem Bestimmungsbuch, in dem die Fotos dominieren. Hier muß ehrlicherweise gesagt werden, daß es nur wenigen Sammlern und dann auch nur mit großem Glück gelingen wird, die in diesem Büchlein abgebildeten Kristalle und Schaustufen in ähnlicher Ausbildung oder Größe zu finden. Das vorliegende Buch soll vielmehr Anreiz bieten, durch schöne Kristalle, interessante Formen oder farbenprächtige Ausbildung Zugang zum Hobby Mineraliensammeln zu finden.

Der Anfänger fragt sich natürlich sofort, wie kann ich denn überhaupt das eine vom anderen Mineral unterscheiden? Bei den derzeit etwa 3500 Arten – jedes Jahr kommen zwischen 20 und 40 neue Mineralien hinzu – ist das nicht ganz einfach. Die überwiegende Zahl kann nur mit aufwendigen chemischen oder physikalischen Methoden bestimmt werden. Viele „einfache" Mineralien, vor allem Erze, lassen sich dagegen schon mit primitiven Hilfsmitteln erkennen. Dazu gehören als Beispiel die Härte oder die Farbe. Manche Fachbücher führen auch den Strich auf, den ein Mineral auf einer Tonscherbe bei Reiben hinterläßt. Hier ist jedoch eine große Erfahrung notwendig, die einem „Einsteiger" sicher fehlt. Wer sich mit der Materie der Mineralien und Kristalle ausführlich beschäftigen möchte, kommt ohnehin bald dazu, sich intensiver mit weiterführender Literatur zu beschäftigen. Mittlerweile gibt es eine Vielzahl verschiedener wissenschaftlicher Bestimmungsbücher und prachtvoller Bildbände. Empfohlen werden kann für jeden mineralogisch Interessierten vor allem das Buch von Werner Lieber „Der Mineraliensammler" (Ott-Verlag, Thun/Schweiz), das eine Fülle von mineralogischen und geologischen Grundbegriffen sowie Fundstellenangaben bietet.

Viele der hier beschriebenen Mineralien lassen sich auch heute noch relativ problemlos finden. Zu diesem Zweck dienen die Angaben unter der Rubrik Fundorte. Allerdings: Funde können nicht garantiert werden. Während sich heute noch die Fundmöglichkeiten im Steinbruch XYZ als optimal erweisen, werden schon morgen, z. B. durch den fortschreitenden Abbau, keine Funde mehr getätigt. Obwohl die Angaben alle sehr aktuell sind, müssen sie deshalb mit einem gewissen Vorbehalt gesehen werden. Dabei wird sich dem Sammler auch die Frage stellen, ob man denn so einfach und problemlos überall sammeln darf. Viele sind da leider sehr rücksichtslos und handeln unüberlegt.

Generell gilt, und das überall auf der Erde: Zuerst muß ich den Grundeigentümer um Erlaubnis fragen, ob man sein Grundstück zum Mineraliensammeln betreten darf. Viele Steinbrüche oder alte Bergwerksanlagen bieten zudem zahlreiche Gefahren, so daß man nicht böse sein sollte, wenn es mit der Erlaubnis einmal nicht klappt! Wenn man diese Regeln beachtet, dann macht das Sammeln auch richtig Spaß.

Kupfer Cu
kubisch

H 2,5 – 3/**D** 8,93

Wissenswertes: Kupfer gehört zu den wichtigen Metallerzen und wird an einigen Stellen der Welt in riesigen Tagebauen abgebaut (Lake Superior (Kanada); Ajo, Tiger und Ray (USA); Australien.
Vorkommen: Tsumeb (Namibia); Bisbee/Arizona (USA); Mansfeld und Siegerland (D).
Ausbildung: In verzerrten Kristallen, Drähten, Bäumchen oder Blechen. Kupfer zeichnet sich durch eine geringe Härte aus (biegbar!) und wandelt sich oberflächlich häufig in Malachit oder Cuprit um.
Farbe: Metallisch rot, meist angelaufen.
Fundorte: Rheinbreitbach/Bonn, Bad Ems/Lahn, Reichenbach/Odw. (D).

Ged. Kupfer. Marsberg/Sauerland (D).
Originalbreite 4 cm.

Silber Ag
kubisch

H 2,5 − 3/**D** 9,6 − 12

Wissenswertes: Seit früher Zeit begehrtes Erz zur Münz- und Schmuckherstellung. Heute wichtiges technisches Metall.
Vorkommen: Kongsberg (Norwegen); Chañarcillo (Argentinien); Potosi (Bolivien); Freiberg, Schneeberg und Marienberg/Sachsen (D).
Ausbildung: Sehr selten würfelige Kristalle, meist als Bleche, Klumpen, Drähte und bäumchenförmige Aggregate.
Farbe: In frischem Zustand metallisch silberweiß, später dunkel bis schwarz anlaufend.
Begleitmineralien: Calcit, Arsen, Argentit, Proustit.
Fundorte: Wittichen/Schwarzwald, Imsbach/Pfalz, Schlema-Hartenstein (D).

Silber in dendritischer Ausbildung. Marienberg/Sachsen (D). Originalbreite 5 cm.

Gold Au
kubisch

H 2,5 – 3,0/**D** 19,3

Wissenswertes: Gold ist **das** Metall, nach dem der Mensch schon immer sucht. Heute Währungsgrundlage. Verwendung als Münzmetall, Schmuck, Zahnersatz und Legierungen.
Vorkommen: Yukon (Alaska); Michigan Bluff, Placer Co., Tuolumne Co., Eagels Nest/Californien (USA); Witwatersrand (Südafrika); Santa Elena (Venezuela); Siebenbürgen (Rumänien).
Ausbildung: Kristalle selten, meistens kleine Plättchen, Bleche, Nuggets oder winzige Einschlüsse.
Farbe: Goldgelb metallisch.
Begleitmineralien: Quarz, Silber.
Fundorte: Korbach/Eder (D); Hohe Tauern (Österreich).

Gold auf Quarz. Bomlø (Norwegen). Originalhöhe 2,5 cm.

Quecksilber Hg

hexagonal   flüssig/**D** 13,5

Wissenswertes: Einziges flüssiges Metall, das bei − 38,9 °C einen festen Zustand einnimmt. Quecksilber wurde früher für Thermometer benötigt. Heute Anwendung in der Medizin, zur Amalgamation von Silber und Gold.
Vorkommen: Almaden (Spanien); Idria (Jugoslawien); Mt. Amiata (Italien). In Deutschland vor allem in der Pfalz viele historische Lokalitäten: Landsberg bei Obermoschel und Mörsfeld.
Ausbildung: Kügelchen.
Farbe: Silberweiß glänzend, Oberfläche manchmal matt.
Begleitmineralien: Cinnabarit, Quarz, Calcit.
Fundorte: Almaden (Spanien); Silberg/Siegerland (D).

Quecksilber. Landsberg, Obermoschel/ Pfalz (D). Originalbreite 1,2 cm.

Arsen As
(Scherbenkobalt) trigonal   **H** 3,5/**D** 5,7

Wissenswertes: Arsen gehört zu den giftigen Mineralien und wird meistens als Begleiter auf Silbererzlagerstätten angetroffen.

Vorkommen: Jáchimov, Příbram und Měděnec (CSFR); Ste. Marie aux Mines (Frankreich); Schneeberg und Freiberg/Erzgebirge, St. Andreasberg/Harz, Nieder-Beerbach/Odenwald und Wittichen/Schwarzwald (D).

Ausbildung: Nierige, kugelige, meist schalige Platten mit rauher Oberfläche.

Farbe: Bleigrau, rasch anlaufend.

Begleitmineralien: Silber, Proustit, Pyrargyrit, Sternbergit, Calcit.

Fundorte: Schlema-Hartenstein und Pöhla/Sachsen (D).

Arsen mit Dolomit. Marienberg/Sachsen (D). Originalbreite 3 cm.

Graphit C
hexagonal   **H** 1/**D** 2 − 2,2

Wissenswertes: Weiches, biegsames Mineral mit guter Spaltbarkeit, geringer Härte und sehr hohem Schmelzpunkt (3700 °C), welches u. a. zur Herstellung von Bleistiften, Schmelztiegeln und Schmiermitteln dient und in der Reaktortechnik benötigt wird.
Vorkommen: Zimbabwe (Afrika); Pargas (Finnland); Nordnorwegen; CSFR; Pfaffenreuth und Hauzenberg/ Bayer. Wald (D).
Ausbildung: Blättrig, schuppig, leicht abfärbend.
Farbe: Eisenschwarz, grau.
Begleitmineralien: Pyrrhotin, Calcit, Nontronit, Phlogopit.
Fundorte: Kropfmühl/Bayer. Wald, Bad Harzburg/Harz, Weiler/Schwarzwald (D).

Graphit. Gabbro-Steinbruch, Bad Harzburg/Harz (D). Originalbreite 3 cm.

Wismut Bi
(Federwismut) trigonal

H 2 – 2,5/**D** 9,8

Wissenswertes: Wichtiges Legierungsmetall.
Vorkommen: In größeren Mengen vor allem in Südamerika (Bolivien, Argentinien), sonst nur als Begleitmineral von z. B. silbererzhaltigen Gängen in Cinovec, Jáchimov, Měděnec (CSFR); Wittichen/Schwarzwald, Schneeberg und Altenberg/Erzgebirge (D).
Ausbildung: Gut entwickelte Kristalle selten, meist baumförmig, treppenartig oder federförmig (Name!).
Farbe: Silberweiß.
Begleitmineralien: Skutterudit, Silber, Calcit.
Fundorte: Schlema-Hartenstein/Erzgebirge, Mackenheim/Odenwald, Wittichen/Schwarzwald (D).

Wismutkristalle. Schlema-Hartenstein/Sachsen (D). Kantenlänge 2 cm.

Schwefel S

orthorhombisch · **H** ca. 2/**D** 2,0 – 2,1

Wissenswertes: Kommt in zwei Modifikationen vor: monokliner (über 95,6 °C gebildet) und rhombischer Schwefel, der aus dem monoklinen hervorgeht. Temperaturempfindlich; kann schon bei geringem Wärmeunterschied (Handwärme!) springen. Wichtig für die Schwefelsäureproduktion.
Vorkommen: Japan; Polen; Agrigent/Sizilien (Italien).

Ausbildung: Gut entwickelte Kristalle mit glänzenden Flächen. Auch derbe Massen.
Farbe: Hell- bis dunkelgelb, transparent; durch Öl bzw. Bitumen schwarz gefärbt.
Begleitmineralien: Gips, Coelestin, Bleiglanz.
Fundorte: Weenzen/Weserbergland, Littfeld/Siegerland.

Schwefel. Agrigent/Sizilien (Italien). Kristallhöhe 3 cm.

13

Chalkosin Cu_2S
(Kupferglanz) orthorhombisch   **H** 2,5 – 3/**D** 5,6

Wissenswertes: Chalkosin ist ein wichtiges Kupfererz.
Vorkommen: Wird als Mineral der Oxidationszone vor allem in Ray/Arizona, Butte/Montana (USA) und Tsumeb (Namibia) in großem Stil abgebaut. In Europa vor allem aus Cornwall (Großbritannien) bekannt. In Deutschland Mansfeld/Sachsen-Anhalt.
Ausbildung: Überwiegend derb. Schöne Kristalle sind häufig verzwillingt. Fast immer matt angelaufen.
Farbe: Dunkelbleigrau, im frischen Bruch metallisch glänzend.
Begleitmineralien: Calcit, Malachit.
Fundorte: Bad Lauterberg/Harz, Rheinbreitbach/Rhein (D).

Chalkosin. Geevor Mine, Pendeen/Cornwall (Großbritannien). Kristallbreite 1,8 cm.

Argentit Ag_2S
(Silberglanz) kubisch   **H** 2 − 2,5/**D** 7,3

Wissenswertes: Argentit kommt als Silberträger im Galenit vor. Gehört zu den wichtigen Silbermineralien.
Vorkommen: Comstock Lode/Nevada (USA); Guanajuato (Mexiko); Kongsberg (Norwegen); Jáchimov und Příbram (CSFR); Freiberg, Schneeberg und Johanngeorgenstadt/Sachsen, Wittichen/Schwarzwald (D).
Ausbildung: Häufig derbe Massen. Kristalle meistens würfelig oder oktaedrisch.
Farbe: Dunkelbleigrau, im frischen Bruch metallisch glänzend, sonst anlaufend.
Begleitmineralien: Galenit, Silber, Proustit, Calcit.
Fundorte: Schlema-Hartenstein/Sachsen, St. Andreasberg/Harz (D).

Argentit mit Calcit. Freiberg/Sachsen (D). Kristallhöhe 2 cm.

Stromeyerit AgCuS

orthorhombisch   **H** 2,5 – 3/**D** 6,2 – 6,3

Wissenswertes: Nicht häufig vorkommendes Silbermineral aus der Zementationszone. Sammlermineral.

Vorkommen: Vrančice, Příbram (CSFR).

Ausbildung: Derb, eingesprengte Partien, Säume um andere Mineralien bildend, selten nadelförmige Kristalle. Auch Pseudomorphosen von Chalkosin nach Stromeyerit bildend.

Farbe: Stahlgrau, manchmal bunt anlaufend.

Begleitmineralien: Chalkosin, Bornit, Chalkopyrit, Calcit, Quarz.

Fundorte: Posepný-Gang, Vrančice, Příbram (CSFR); Grube Clara, Oberwolfach und Steinbruch Hechtsberg, Hausach/Schwarzwald (D).

Stromeyerit. Vrančice, Příbram (CSFR). Originalbreite 2,5 cm.

Sphalerit ZnS
(Zinkblende) kubisch   **H** 3,5 − 4/**D** 3,9 − 4,2

Wissenswertes: Wichtiges Wertmineral. Lagerstätten bildend, vor allem hydrothermal. Benötigt u. a. zu Legierungen (z. B. Messing) und zum Verzinken.
Vorkommen: Trepča (Jugoslaẃien); Bleiberg, Kärnten (Österreich); Schauinsland/Schwarzwald, Meggen/Sauerland, Bad Grund/Harz (D).
Ausbildung: Derb, Lagen und Krusten, z. T. mit Wurtzit (Schalenblende). Gute Kristalle, häufig verzwillingt.
Farbe: Gelblich (Honigblende), schwarz (eisenreich; Marmatit), braun bis rot.
Begleitmineralien: Galenit, Quarz, Calcit, Chalkopyrit.
Fundorte: Lengenbach/Binntal (Schweiz); Oberschulenberg/Harz (D).

Sphalerit. Siziliaschacht, Meggen/Sauerland (D). Kristallhöhe 1,5 cm.

Chalkopyrit $CuFeS_2$
(Kupferkies) tetragonal   **H** 3,5 – 4/**D** 4,2 – 4,3

Wissenswertes: Wichtigstes Kupfermineral.

Vorkommen: Rio Tinto (Spanien); Falun, Sulitelma und Rorös-(Schweden); Horhausen/Westerwald, Biersdorf und Niederhövels/Siegerland, Rammelsberg/Harz (D).

Ausbildung: Meistens derb, aber auch schöne Kristalle (sehr oft verzerrt und Zwillinge bildend) und Kristallstökke. Muscheliger Bruch.

Farbe: Messinggelb mit leichtem Stich ins Grünliche. Fast immer bunt schillernd angelaufen.

Begleitmineralien: Tetraedrit, Sphalerit, Quarz, Siderit.

Fundorte: Oberschulenberg/Harz, Müsen/Siegerland, Horhausen/Westerwald, Oberwolfach/Schwarzwald (D).

Chalkopyrit mit Dolomit. Schlema-Hartenstein/Sachsen (D). Originalhöhe 2,3 cm.

Galenit PbS
(Bleiglanz) kubisch   **H** 2,5 − 3/**D** 7,2 − 7,6

Wissenswertes: Wichtigstes Blei- und Silbererz.
Vorkommen: Broken Hill (Australien); Broken Hill (Zimbabwe); Joplin, Missouri (USA); Trepča (Jugoslawien); Bleiberg/Kärnten (Österreich); Neudorf/Unterharz, Ramsbeck/Sauerland, Beialf, Mechernich/Eifel, Bad Grund/Harz (D).
Ausbildung: Meist derbe Massen. Flächenreiche Kristalle. Leicht erkennbar durch gute Spaltbarkeit nach dem Würfel.
Farbe: Bleigrau. Frischer Bruch hochglänzend, sonst matt.
Begleitmineralien: Sphalerit, Quarz, Calcit, Cerussit, Pyrit.
Fundorte: Bad Grund/Harz, Becke-Oese/Sauerland (D).

Galenit mit Markasit auf Calcit. Rohdenhaus/Wülfrath (D). Originalbreite 8 cm.

Cinnabarit HgS

(Zinnober) trigonal

H 2,0 – 2,5/**D** 8,1

Wissenswertes: Wichtigstes Quecksilbererz. Dient u. a. zur Herstellung von Farben.

Vorkommen: Terlingua/Texas, New Almaden, Californien (USA); Guizhou (VR China); Almaden (Spanien); Idria (Jugoslawien); Erzberg, Steiermark (Österreich); Landsberg/ Pfalz (D).

Ausbildung: Erdige, derbe Massen. Eingesprengt in Quarz. Schöne Kristalle, vielfach gerundet. Bruch splittrig. Ähnliches Mineral: Proustit.

Farbe: Intensiv rot (Zinnoberrot!), durch Einschlüsse auch dunkel bis schwarz.

Begleitmineralien: Baryt, Quarz, Quecksilber.

Fundorte: Almaden (Spanien); Silberg/Siegerland (D).

Zinnober mit Quarz. Almaden (Spanien). Originalbreite 3,5 cm.

Pyrrhotin FeS
(Magnetkies) hexagonal

H 4/**D** 4,6

Wissenswertes: Der historische Name „Magnetkies" deutet auf den Magnetismus des Minerals hin. Wichtig zur Herstellung von Eisenvitriol.
Vorkommen: Sudbury (Kanada); Outokumpu (Finnland); Tunaberg (Schweden);Trepča (Jugoslawien); Bottino (Italien); Mittersill, Pinzgau (Österreich); Peine/Niedersachsen, Bodenmais/Bayer. Wald (D).

Ausbildung: Derb, häufig mit anderen Sulfiden verwachsen. Sechsseitige Tafeln und Aggregate bildend.
Farbe: Braun, metallisch glänzend, auch matt angelaufen.
Begleitmineralien: Quarz, Pyrit, Calcit, Dolomit.
Fundorte: Kropfmühl/Passau, Bad Harzburg/Harz (D).

Pyrrhotin auf Calcit. Příbram (CSFR). Kristalle bis 1 cm groß.

Millerit NiS
(Haarkies) trigonal

H 3,5/**D** 5,3

Wissenswertes: Seltenes Mineral mit hohem Nickelgehalt. Ohne wirtschaftliche Bedeutung.
Vorkommen: Schöne Kristalle von Antwerp, New York (USA); Slány, Kladno (CSFR); Trepča (Jugoslawien); Nanzenbach/Dillenburg, Ramsbeck/Sauerland, Wissen und Littfeld/Siegerland (D). Auch in Ruhrgebiets-Steinkohlenzechen bemerkenswerte Funde: Zollverein/Essen, Auguste-Viktoria/Marl-Hüls (D).
Ausbildung: Dünne Nadeln, Härchen, büschelig.
Farbe: Messinggelb, grünlich.
Begleitmineralien: Dolomit, Galenit, Linneit, Chalkopyrit.
Fundorte: Ruhrgebietshalden (D).

Milleritnadeln mit Dolomit. Ibbenbüren (D). Originalbreite 2,5 cm.

23

Antimonit Sb_2S_3
(Stibnit) trigonal

H 2/**D** 4,6

Wissenswertes: Wichtigstes Antimonmineral. Dient für Legierungen. Feuerfestindustrie, Pharmazie.

Vorkommen: Shikoku (Japan); Kremnica (CSFR); Baia Sprie (Rumänien); Le Cetiné, Toskana (Italien); Schlaiming, Steiermark (Österreich); Wolfsberg/Unterharz, Bräunsdorf bei Freiberg/Sachsen (D).

Ausbildung: Säulenförmig, häufig gestreift. Kristalle teilweise gebogen. Spitze und stumpfe Endflächen. Auch filzige Aggregate.

Farbe: Bleigrau, leicht bläulich, hoher Metallglanz.

Begleitmineralien: Kermesit, Calcit, Quarz, Berthierit.

Fundorte: Greiz/Thüringen, Casparizeche bei Arnsberg/Sauerland (D).

Antimonit mit Quarz. Wolfsberg/Unterharz (D). Kristallhöhe 1,3 cm.

24

Pyrit FeS_2
(Schwefelkies) kubisch

H 6 – 6,5/**D** 5,0 – 5,2

Wissenswertes: „Hans Dampf in allen Gassen"-Mineral. Weit verbreitet. Eisenerz. Wichtig auch zur Gewinnung von Schwefelsäure.
Vorkommen: Falun (Schweden); Sulitelma (Norwegen); Navajún und Huelva (Spanien); Rio Marina, Insel Elba, Campiano, Toscana (Italien); Rammelsberg/Harz, Meggen/Sauerland, Waldsassen/Bayer. Wald (D).

Ausbildung: Gut ausgebildete, flächenreiche Kristalle, Streifenbildung auf den Flächen. Kugelige Aggregate, häufig bunt angelaufen.
Farbe: Messinggelb.
Begleitmineralien: Markasit, Calcit, Galenit, Quarz.
Fundorte: Extertal/Weserbergland (D).

Pyritkristalle mit Calcit. Hüttenberg/Kärnten (Österreich). Originalbreite 6 cm.

Markasit FeS$_2$
(Speerkies) orthorhombisch   H 6,0 – 6,5/D 4,8 – 4,9

Wissenswertes: Wie Pyrit ebenfalls weit verbreitet. Achtung: Zerfällt in der Sammlung leicht.
Vorkommen: Häufig in Tongruben. Lägersdorf/Norddeutschland, Lengerich/Osnabrück, Wiesloch/Heidelberg, Herne/Ruhrgebiet (D).
Ausbildung: Knollige Aggregate, Konkretionen, speerartige Verwachsungen, hahnenkammförmige Kristalle.

Farbe: Metallisch gelb mit Stich ins Grünliche.
Begleitmineralien: Pyrit, Sphalerit, Calcit, Quarz.
Fundorte: Hüttenberg/Kärnten (Österreich); Lengerich/Osnabrück, Höver/Hannover, Silbach und Holzen/Sauerland, Steinkohlehalden im Ruhrgebiet (D).

Markasit. Grube Christiane, Adorf bei Korbach/Hessen (D). Originalhöhe 1,2 cm.

Arsenopyrit FeAsS
(Arsenkies) monoklin   **H** 5,5 – 6,0/**D** 5,9 – 6,2

Wissenswertes: Wichtiges Arsenmineral, auf vielen Lagerstätten als Durchläufermineral verbreitet. Verwendung in der Pharmazie und zur Schädlingsbekämpfung.
Vorkommen: Trepča (Jugoslawien); Boliden (Schweden); Mitterberg, Salzburg (Österreich); Munzig bei Meißen, Freiberg/Sachsen, Waldsassen/Bayer. Wald (D).

Ausbildung: Derbstrahlig, kurzsäulige Kristalle mit Streifung.
Farbe: Metallisch weiß, Stich ins Gelblichgrüne.
Begleitmineralien: Quarz, Calcit, Galenit.
Fundorte: Zug bei Freiberg, Schlema-Hartenstein/Sachsen (D).

Arsenopyrit auf Quarz. Freiberg/Sachsen (D). Kristallhöhe 1,6 cm.

Molybdänit MoS_2
(Molybdänglanz) hexagonal

H 1 – 1,5/**D** 4,7 – 4,8

Wissenswertes: Wichtigstes Molybdänerz. Verwendung bei Molybdänstählen, als Schmiermittel.

Vorkommen: Climax-Mine, Colorado (USA); Tewah Mine (Korea); Deepwater, New South Wales (Australien); Cornwall (Großbritannien); Moss (Norwegen); Grängesberg (Schweden); Mackenheim/Odenwald (D).

Ausbildung: Schuppige Aggregate, eingewachsen, plattige, schlecht ausgebildete sechsseitige Kristalle, manchmal zu dicken tafeligen Aggregaten angeordnet. Fühlt sich fettig an.

Farbe: Bleigrau.

Begleitmineralien: Quarz.

Fundorte: Bad Harzburg/ Harz (D).

Molybdänit. Gabbro-Steinbruch, Bad Harzburg/Harz (D). Kristallbreite 1,7 cm.

Proustit Ag_3AsS_3
(Lichtes Rotgültigerz) trigonal   **H** 2,5/**D** 5,57

Wissenswertes: Interessantes Silbererz.
Vorkommen: Chañarcillo (Chile); Zacatecas, Guanajuato (Mexiko); Příbram, Jáchimov, Měděnec (CSFR); Ste. Marie aux Mines (Frankreich); Freiberg, Schneeberg, Schlema-Hartenstein, Marienberg und Alberoda/Sachsen, Wittichen/Schwarzwald, St. Andreasberg/Harz (D).
Ausbildung: Derb, gut ausgebildete Kristalle, nicht so flächenreich wie Pyrargyrit.
Farbe: Leuchtend rot, durchscheinend.
Begleitmineralien: Arsen, Silber, Calcit, Pyrargyrit.
Fundorte: St. Andreasberg/Oberharz, Schlema-Hartenstein, Schneeberg und Pöhla/Sachsen (D).

Proustit. Schlema-Hartenstein bei Aue/Sachsen (D). Originalbreite 5 cm.

29

Pyrargyrit Ag_3SbS_3
(Dunkles Rotgültigerz) trigonal   **H** 2,5 – 3,0/**D** 5,85

Wissenswertes: Bedeutendes Silbererz.

Vorkommen: Vor allem bekannt aus Chañarcillo (Chile); Zacatecas (Mexiko); Peru; Argentinien; Colquechaca (Bolivien); Příbram, Jáchimov (CSFR); St. Andreasberg/Harz, Ramsbeck/Sauerland, Gonderbach bei Laasphe/Siegerland, Freiberg, Schneeberg/Sachsen (D).

Ausbildung: Flächenreiche Kristalle, häufig Zwillingsbildungen.

Farbe: Dunkelkirschrot, grauschwarz. Im Durchlicht rote Innenreflexe.

Begleitmineralien: Gediegenes Arsen, gediegenes Silber, Argentopyrit, Calcit, Galenit.

Fundorte: Pöhla und Schlema-Hartenstein/Sachsen (D).

Pyrargyrit. Grube Alte Hoffnung Gottes, Kleinvoigtsberg/Sachsen (D). Kristallänge 1,1 cm.

Stephanit Ag_5SbS_4
(Melanglanz) orthorhombisch   **H** 2,5/**D** 6,2 – 6,3

Wissenswertes: Silbererz, nur lokal von Bedeutung. Benannt nach Erzherzog Stephan von Österreich.
Vorkommen: Comstock Lode, Nevada (USA); Banska Stiavnica, Příbram (CSFR); Sarrabus (Italien); Freiberg, Ehrenfriedersdorf/Sachsen, Kinzigtal/Schwarzwald, Ramsbeck/Sauerland, St. Andreasberg/Harz (D).
Ausbildung: Sehr formenrei-

ches Mineral, kurzsäulig, manchmal treppenartig angeordnet.
Farbe: Eisenschwarz, häufig bleigrau angelaufen.
Begleitmineralien: Gediegenes Silber, Pyrargyrit, Siderit, Calcit.
Fundorte: Příbram (CSFR); Schneeberg/Sachsen (D).

Stephanit. Freiberg/Sachsen (D). Originalbreite 4 cm.

Bournonit PbCuSbS$_3$
orthorhombisch   **H** 3/**D** 5,7 – 5,9

Wissenswertes: Wichtiges Blei-, Kupfer- und Antimonerz.

Vorkommen: Cornwall (Großbritannien); Puy de Dôme (Frankreich); Příbram (CSFR); Hüttenberg/Kärnten (Österreich); Grube Georg, Horhausen/Westerwald, Clausthal-Zellerfeld, St. Andreasberg/Oberharz, Neudorf/Unterharz (D).

Ausbildung: Derbe, körnige Aggregate. Dicktafelige hochglänzende Kristalle, manchmal typisch als „Rädelerz" in zahnradartigen Aggregaten.

Farbe: Stahl- bis bleigrau, leichter Stich ins Grünliche.

Begleitmineralien: Siderit, Galenit, Sphalerit, Fahlerz.

Fundorte: Oberlahr und Raubach/Westerwald (D).

Bournonit. Neudorf/Unterharz (D). Kantenlänge 7 mm.

Sartorit $PbAs_2S_4$
(Skleroklas) monoklin

H 3/**D** 5

Wissenswertes: Seltenes Sulfosalz, nur für Mineraliensammler von Interesse. In der Schweiz überwiegend als „Skleroklas" bekannt.
Vorkommen: In zuckerförmigem Dolomit der Grube Lengenbach, Binntal/Wallis (Schweiz). Dort ist es das häufigste Mineral der Sulfosalze.
Ausbildung: Gestreckte, abgeflachte Kristalle. Das Mineral ist sehr spröde, es platzt schon bei geringer Erwärmung.
Farbe: Grau mit starkem Metallglanz.
Begleitmineralien: Dolomit, Rathit, Liveingit, Dufrénoysit, Baumhauerit.
Fundort: Grube Lengenbach, Binntal/Wallis (Schweiz).

Sartorit auf Dolomit. Grube Lengenbach, Binntal/Wallis (Schweiz). Kristallänge 2 cm.

Boulangerit $Pb_5Sb_4S_{11}$

monoklin **H** 2,5/**D** 5,63

Wissenswertes: Weniger wichtiges Blei- und Antimonerz.

Vorkommen: Trepča (Jugoslawien); Molières (Frankreich); Boliden (Schweden); Wolfsberg/Unterharz, Ramsbeck/Sauerland, Neumühle bei Greiz/Thüringen, Hausach/Schwarzwald, Oberlahr/Westerwald (D).

Ausbildung: Dünnadelig. Feinfaserige, verfilzte Haare und derbe, dichte Massen.

Farbe: Matt bleigrau, häufig seidenartig schimmernd, auch grünlich (dann dem Millerit ähnlich).

Begleitmineralien: Antimonit, Sphalerit, Calcit, Quarz.

Fundorte: Ramsbeck/Sauerland, Silbersand bei Mayen/Eifel (D).

Boulangerit auf Quarz. Neumühle bei Greiz/Thüringen (D). Originalbreite 4,2 cm.

Realgar AsS

monoklin

H 1,5/**D** 3,5 − 3,6

Wissenswertes: Nicht häufig, wandelt sich im Tageslicht in erdiges Auripigment (gelblich) und giftiges Arsenik um.

Vorkommen: Shimen, Hunan (China); Getchell-Mine, Nevada (USA); Baia Sprie und Cavnic (Rumänien); Grube Lengenbach, Binntal/Wallis (Schweiz); Niederschlema, Aue/Sachsen, Wittichen/Schwarzwald, Rollenbergtunnel bei Bruchsal (D).

Ausbildung: Flächenreiche, kleine Kristalle, häufig auch krustig.

Farbe: Orangerot bis leuchtend rot; lichtempfindlich!

Begleitmineralien: Arsen, Auripigment, Dolomit, Hutchinsonit, Lorandit, Rathit.

Fundort: Grube Lengenbach, Binntal/Wallis (Schweiz).

Realgar auf Quarz. Schacht 207, Niederschlema/Sachsen (D). Kristallhöhe 7 mm.

Halit NaCl
(Steinsalz) kubisch **H** 2/**D** 2,1 − 2,2

Wissenswertes: Wichtiges Salz. Neben Zusatz in Nahrungsmitteln dient es zur Herstellung von Soda, Salzsäure und Ätznatron.

Vorkommen: Bildet große Lagerstätten, vor allem in Nord- und Nordwestdeutschland. Wieliczka (Polen); Buggingen/Oberrhein, Borth bei Wesel/Rhein, Wathlingen bei Celle/Niedersachsen (D).

Ausbildung: Derbe Massen, gute Kristalle. Ausblühungen.

Farbe: Farblos, durch Beimengungen grau, gelb, bräunlich, rot gefärbt, blau und violett durch radioaktive Strahlung.

Begleitmineralien: Gips, Anhydrit.

Fundorte: Neuhof-Ellers/Fulda, Celle/Niedersachsen (D).

Steinsalzkristalle. Schacht Konrad/Salzgitter (D). Originalhöhe 4,5 cm.

Sylvin KCl
kubisch

H 2/**D** 1,99

Wissenswertes: Wichtigstes Kalisalz, unentbehrlicher Dünger-Rohstoff.

Vorkommen: In größerer Menge in den Kalisalzlagerstätten Deutschlands. Hattorf bei Philippsthal/Werra, Wathlingen bei Celle/Niedersachsen, Staßfurt/Sachsen-Anhalt (D).

Ausbildung: Körnige, stengelige Aggregate, schöne würfelige und oktaedrische Kristalle. Selten in Locken auf Basalt. Typisch bittersalzig schmeckend. An der Luft zerfließend.

Farbe: Farblos, leicht bräunlich bis rötlich gefärbt.

Begleitmineralien: Anhydrit, Gips, Halit.

Fundorte: In Deutschland nur unter Tage möglich.

Sylvin mit Steinsalz. Grube Bergmannstrost, Lehrte/Hannover (D). Kristallhöhe 3 cm.

Fluorit CaF$_2$
(Flußspat) kubisch

H 4/**D** 3,1 – 3,2

Wissenswertes: Wichtiges Mineral zur Herstellung von Flußsäure, zum Ausschmelzen von Metallen, in der Optik, in der Glasindustrie.
Vorkommen: Illinois und Tennessee (USA); Naica (Mexiko); China; Namibia; Derbyshire und Durham (Großbritannien); Wölsendorf/Oberpfalz, Käfersteige bei Pforzheim, Wolfach/ Schwarzwald, Rottleberode/ Harz, Schönbrunn/Vogtland, Freiberg/Sachsen (D).
Ausbildung: Schöne oktaedrische oder würfelige Kristalle.
Farbe: Farblos, grün, gelb, blau, rot.
Begleitmineralien: Quarz.
Fundorte: Oberwolfach/ Schwarzwald (D).

Fluorit. Böckstein (Österreich). Kantenlänge 3 cm (o. l.). Oberwolfach/Schwarzwald (D). Kantenlänge 7 mm (o. r.). Pola de Siero (Spanien). Kristallbreite 2,5 cm (unten).

Connellit $Cu_{19}Cl_4(SO_4)(OH)_{32} \cdot 3H_2O$

hexagonal   **H** 3/**D** 3,36

Wissenswertes: Nicht häufiges sekundäres Kupfermineral, nur für Sammler von Interesse.

Vorkommen: Bisbee/Arizona, Tintic/Utah (USA); Wheal Muttrell, Wheal Gorland, Gwennap, Botallack-Mine/Cornwall (Großbritannien); Rheinbreitbach/Bonn, Hagendorf/Oberpfalz (D).

Ausbildung: Dünne Krusten, feinnadelige Kristalle, auch radialstrahlige Aggregate.

Farbe: Grünlichblau. Glasglanz.

Begleitmineralien: Cuprit, Quarz, Cornubit, Chalkophyllit, Azurit, Malachit.

Fundorte: Wheal Muttrell/Cornwall (Großbritannien); Grube Clara, Oberwolfach/Schwarzwald (D).

Connellit. Wheal Providence/Cornwall (Großbritannien). Originalbreite 1,4 cm.

Cuprit Cu_2O
(Chalkotrichit) kubisch

H 3,5 – 4/**D** 6,15

Wissenswertes: Sekundärmineral reicher Kupfererzlagerstätten, vor allem im Bereich von Oxidations- und Zementationszonen.
Vorkommen: Tsumeb und Onganya (Namibia); Mashamba Mine (Zaire); Bisbee, Clifton, Morenci/Arizona (USA); Gwennap/Cornwall (Großbritannien); Herdorf, Kausen/Siegerland (D).
Ausbildung: Erdig. Gute Kristalle, meist Würfel oder Oktaeder, haarig-nadelig (Chalkotrichit).
Farbe: Rotbraun bis dunkelrot, metallisch grau.
Begleitmineralien: Gediegenes Kupfer, Malachit, Azurit.
Fundorte: Grube Käuersteimel bei Kausen, Müsen-Littfeld/Siegerland (D).

Cuprit. Grube Käuersteimel, Kausen/Siegerland (D). Kristallhöhe 1,2 cm.

Magnetit $Fe^{2+}Fe_2^{3+}O_4$
(Magneteisen) kubisch   **H** $5,5 - 6,0$/**D** $5,2$

Wissenswertes: Wichtigstes Eisenerz; riesige Lagerstätten bildend. Kristalle werden vom Magneten angezogen.
Vorkommen: Kiruna, Grängesberg, Gellivaara (Schweden); Gardiner Plateau/Grönland (Dänemark); Berggießhübel/Sachsen (D). Seltener auch alpin und in der Eifel.
Ausbildung: Überwiegend derb. Erscheint in Kristallen meistens in Oktaederform.

Farbe: Eisenschwarz metallisch.
Begleitmineralien: Adular, Byssolith, Granat, Nephelin.
Fundorte: Gardiner Plateau/Grönland (Dänemark); Binntal (Schweiz); Stubachtal, Gertrusk, Saualpe/Kärnten, Ötztal, Zillertal/Tirol (Österreich); Üdersdorf/Eifel (D).

Magnetitkristalle. Gertrusk, Saualpe/Kärnten (Österreich). Originalbreite 2,6 cm.

Valentinit Sb_2O_3

(Antimonblüte) orthorhombisch   **H** $2 - 3$/**D** $5,6 - 5,8$

Wissenswertes: Oxidationsmineral antimonhaltiger Erze.
Vorkommen: Příbram
(CSFR); Siena (Italien);
Bräunsdorf/Sachsen, St. An-
dreasberg/Oberharz, Wolfs-
berg/Unterharz, Ramsbeck/
Sauerland, Goldkronach/Fich-
telgebirge (D).
Ausbildung: Prismatische Kristalle, meist auf- oder eingewachsen, zu Büscheln verei-
nigt. Pseudomorphosen
nach Antimonit oder Kermesit bildend.
Farbe: Farblos, weißlich, gelblich, bräunlich.
Begleitmineralien: Antimonit, Kermesit, Senarmontit,
Quarz.
Fundorte: Příbram (CSFR);
Casparizeche bei Uentrup,
Arnsberg/Sauerland (D).

Valentinit. Příbram/Böhmen (CSFR). Kristallhöhe 1,2 cm.

Hämatit Fe_2O_3
(Roteisenerz) trigonal   **H** 6,5/**D** 5,2 – 5,3

Wissenswertes: Wichtiges Eisenerz, große Lagerstätten. Unterschieden werden Eisenglanz und Roteisenerz.
Vorkommen: Brasilien; Lake Superior (Kanada); Rio Marina/Elba (Italien); Cumberland (Großbritannien); Lahn-Dill-Gebiet/Hessen, Elbingerode/Unterharz (D).
Ausbildung: Grobkristallin, körnige Aggregate, schuppig (Eisenglimmer). Radialstrahlige Massen mit glänzender Oberfläche nennt man „Glaskopf" bzw. „Blutstein". In den Alpen Ausbildung der „Eisenrosen".
Farbe: Stahlgrau bis eisenschwarz, leicht bläulich.
Begleitmineralien: Rutil.
Fundorte: Bad Lauterberg/Harz (D); Zillertal (Österreich).

Hämatit (Eisenrose). Mörchnerkar, Zillertal/Tirol (Österreich). Durchmesser 2,2 cm.

Quarz SiO$_2$
trigonal

H 7/**D** 2,65

Wissenswertes: Quarz gehört zu den häufigsten Mineralarten (gesteinsbildend) und kommt in verschiedenen Varietäten vor: Der normale oder Gemeine Quarz (klar, leicht trüb), Milchquarz (milchig), Bergkristall (wasserklar), Rauchquarz (braun), Morion (fast schwarz), Amethyst (violett), Citrin (gelblich), Eisenkiesel (gelblich/bräunlich), Rosenquarz (hellrosa), Prasem (lauchgrün), Chalcedon (blau, teilweise gebändert), Zepterquarz, Chrysopras (durch Nickelsilikat grünlich), Jaspis (verschiedenfarbig), Achat (verschiedenfarbig), Moosachat (grünlich), Korallenachat, Helio-

Bergkristall. Dauphiné (Frankreich; oben). Rechte Seite: Chalcedon. Hüttenberg/Kärnten (Österreich; o. l.). Zepterquarz. Ehrenfriedersdorf/Sachsen (D; o. r.). Amethyst. Sardinien (Italien; unten).

44

Ausbildung: Derb, gute Kristalle sehr häufig.
Farbe: Unterschiedlich (siehe Varietäten).
Begleitmineralien: Siderit, Anatas, Chalkopyrit, Pyrit.
Fundorte: Carrara (Italien); Idar-Oberstein/ Hunsrück, Werlau-Wellmich, St. Goar/ Rhein, Uffeln/Osnabrück, Usingen/Taunus, St. Egidien/ Sachsen (D); Rauris, Zillertal, (Österreich).

trop (grün mit roten Pünktchen) und weitere.
Verwendung: In der Hochfrequenztechnik, zur Glasherstellung, Schmuck.

Achat. St. Egidien/Sachsen (D).
Durchmesser 7,5 cm (oben).
Achat. Schottland.
Durchmesser 6,8 cm (unten).

Rutil TiO$_2$
(Sagenit) tetragonal   **H** 6/**D** 4,2 – 4,3

Wissenswertes: Wichtiges Titanerz, selten Lagerstätten bildend (Seifen).
Vorkommen: Oaxaca (Mexiko); Ibitiara, Bahia (Brasilien); Kragerö (Norwegen); Pfitschtal/Tirol, Modriach/Steiermark (Österreich); Cavradi, Campolungo, Binntal (Schweiz); Ettringen/Eifel (D).
Ausbildung: Dicksäulige, gestreckte Kristalle, Zwillinge (Kniezwillinge), Viellinge,

nadelig, gitterförmig (Sagenit). Eingewachsen in Quarz.
Farbe: Eisenschwarz, blutrot, braunrot, gelblich.
Begleitmineralien: Bergkristall, Hämatit.
Fundorte: Binntal (Schweiz); Habachtal, Pinzgau, Rauris (Österreich); Ettringen, Üdersdorf, Nickenich/Eifel (D).

Sagenit. Obergesteln (Schweiz). Originalbreite 3,5 cm.

47

Kassiterit SnO_2
(Zinnstein) tetragonal

H 7/**D** 6,8 – 7,1

Wissenswertes: Wichtiges Zinnerz. Man unterscheidet u. a. Bergzinn, Seifenzinn und Holzzinn.
Vorkommen: Yünnan; Birma; Sri Lanka; Cornwall (Großbritannien); Cinnovic (CSFR); Zinnwald, Altenberg, Ehrenfriedersdorf/Sachsen (D).
Ausbildung: Fein eingesprengt, in Seifen als Sand oder körnige Aggregate. Kristalle kurzsäulig, gedrungen, fast immer verzwillingt („Visiergraupen").
Farbe: Schwarz, dunkelrote Kanten, auch gelblichgrau.
Begleitmineralien: Arsenopyrit, Zinnwaldit, Wolframit.
Fundorte: Geevor Mine/Cornwall (Großbritannien); Ehrenfriedersdorf/Sachsen (D).

Kassiterit. Sauberg, Ehrenfriedersdorf/Sachsen (D). Originalbreite 3,8 cm.

Pyrolusit β-MnO$_2$
(Polianit) tetragonal

H 6,5/**D** 4,9 – 5,1

Wissenswertes: Bildet häufig derbe, kristalline Massen als Manganerz. Wichtig.

Vorkommen: Nicopol/ Dnjepr (UdSSR); Gabun; Waldalgesheim/Bingen, Lindener Mark/Gießen, Öhrenstock und Ilmenau/Thüringen, Ilfeld/Unterharz, Grube Eisenkaute, Marienberg/Westerwald (D).

Ausbildung: Erdige Massen, feinnadelige Kristalle, büschelig, strahlige Massen. Mit Manganit eng verwachsen.

Farbe: Silbergrau bis schwarz, stark färbend.

Begleitmineralien: Manganit, Baryt, Limonit, Fluorit.

Fundorte: Gremmelsbach, Triberg/Schwarzwald, Ilmenau und Öhrenstock/ Thüringen, Ilfeld/Unterharz (D).

Pyrolusit. Öhrenstock/Thüringen (D).
Kristallhöhe 6 cm.

49

Anatas TiO_2
tetragonal

H 5,5 – 6/**D** 3,8 – 3,9

Wissenswertes: Keine wirtschaftliche Bedeutung.
Vorkommen: Klassische Fundstellen für Anatas liegen in den Alpen: Alp Lercheltini, Binntal, Tavetsch (Schweiz); Habachtal, Obersulzbachtal, Felbertal/Pinzgau (Österreich); Feilitzsch, Epprechtstein/Fichtelgebirge (D). Neue Funde (bis 6 cm große Kristalle) stammen aus dem Hardangervidda (Norwegen).

Ausbildung: Meist spitze dipyramidale Kristalle, auch oktaederähnlich.
Farbe: Schwarzblau, gelblich, bräunlich, rötlich.
Begleitmineralien: Quarz, Adular, Chlorit.
Fundorte: Hopffeldboden/Pinzgau (Österreich); Binntal (Schweiz).

Anatas auf Quarz. Hardangervidda (Norwegen). Kantenlänge 8,5 mm.

50

Brookit TiO_2
(Arkansit) orthorhombisch   **H** 5,5 – 6/**D** 4,1

Wissenswertes: Ausschließliches Sammlermineral.
Vorkommen: Magnet Cove, Arkansas (USA); Mont St. Hilaire, Quebec (Kanada); Tremadoc, Wales (Großbritannien); Maderanertal, Uri (Schweiz); Kampriesen-Alm, Obersulzbachtal, Pinzgau (Österreich); Feilitzsch bei Hof/Fichtelgebirge (D).
Ausbildung: Stets einzeln aufgewachsene Kristalle, auch lose. Typische Streifung auf den Flächen.
Farbe: Gelblichbraun, rotbraun, schwarz.
Begleitmineralien: Quarz, Titanit, Chlorit, Adular, Anatas.
Fundorte: Maderanertal, Amsteg (Schweiz); Obersulzbachtal, Pinzgau (Österreich); Vilshofen/Donau (D).

Brookit mit Quarz. Schweiz. Originalbreite 2,5 cm.

51

Wolframit FeMnWO$_4$
monoklin   **H** 5 – 5,5/**D** 7,14 – 7,54

Wissenswertes: Wichtigstes Wolframerz. Dient u. a. zur Wolframstahlherstellung, Glühlampendrähten. Bildet Mischkristalle. Ferberit (FeWO$_4$) und Hübnerit (MnWO$_4$).
Vorkommen: Boulder/Colorado (USA); Peru; Korea; Panasqueira (Portugal); Altenberg, Ehrenfriedersdorf, Pechtelsgrün/Sachsen, Neudorf/Unterharz (D).

Ausbildung: Langprismatisch. Eingewachsene Kristalle, dicktafelig, mit vertikaler Streifung.
Farbe: Schwarz metallisch, dunkelbraunrot.
Begleitmineralien: Molybdänit, Scheelit, Zinnwaldit.
Fundort: Panasqueira (Portugal).

Wolframit. Minas de la Gares do Est., Viseu (Portugal). Kristallhöhe 2,8 cm.

Goethit α-FeO(OH)
(Nadeleisenerz) orthorhombisch   **H** 5 – 5,5/**D** 4

Wissenswertes: Wichtiges
Eisenerz. Typisches Mineral
der Verwitterungszone von
oberflächennahen Lagerstätten. Wandelt sich in Limonit
um.

Vorkommen: Cornwall
(Großbritannien); Freisen/
Saarland, Roßbach/Westerwald, Eiserfeld und Littfeld/
Siegerland (D).

Ausbildung: Nadelig-strahlig,
dichte parallelfaserige (Nadel-

eisenerz) oder radialstrahlige
Massen, samtartige Rasen,
säulige Kristalle.

Farbe: Schwarzbraun bis
gelb.

Begleitmineralien: Limonit,
Hämatit, Calcit, Quarz.

Fundorte: Grube Clara,
Oberwolfach/Schwarzwald,
Freisen/Saarland (D).

Goethitkristalle. Restormel Mine, Lanlivery/
Cornwall (Großbritannien). Originallänge
5 cm.

Manganit   MnO(OH)
monoklin   **H** 4/**D** 4,3 − 4,4

Wissenswertes: Bedeutendes Manganerz. Verwendung bei vielen metallurgischen Prozessen, zur Entfärbung von Glas. Besonders schöne Kristalle sind vor allem von Ilfeld im Unterharz bekannt geworden.
Vorkommen: Botallack Mine, Cornwall (Großbritannien); Ilfeld/Unterharz, Öhrenstock/Thüringen, Bülten bei Peine/Niedersachsen (D).

Ausbildung: Langprismatisch mit starker Längsstreifung, kleine flächenreiche Kristalle. Knie- oder kreuzförmige Zwillinge.
Farbe: Braunschwarz, metallisch schwarz.
Begleitmineralien: Baryt, Calcit, Pyrolusit.
Fundort: Ilfeld/Unterharz (D).

Manganit. Ilfeld/Unterharz (D). Originalbreite 5 cm.

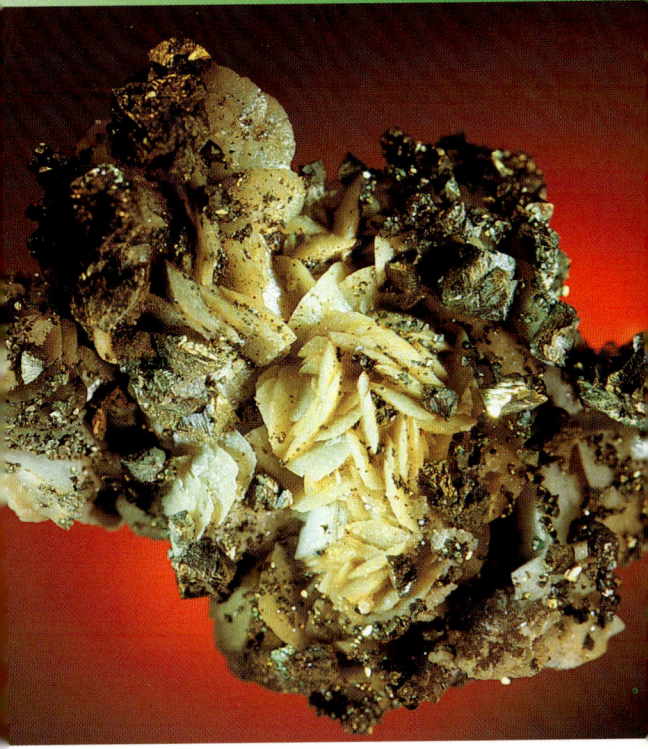

Siderit FeCO₃
(Spateisenstein) trigonal

H 4 – 4,5/**D** 3,7 – 3,9

Wissenswertes: „Klassisches" Eisenerz, große Lagerstätten bekannt.

Vorkommen: Bilbao (Spanien); Hüttenberg/Kärnten, Erzberg/Steiermark (Österreich); Bad Grund und Clausthal-Zellerfeld/Oberharz, Neudorf/Unterharz, Salchendorf und viele andere Orte im Siegerland, Horhausen/ Westerwald, Laurenburg/ Lahn, Farmsen/Hildesheim (D).

Ausbildung: Derbe Massen, linsenförmige Kristalle, gebogen, sattelförmig.

Farbe: Gelblichweiß, bräunlich, grünlich, metallisch bunt angelaufen.

Begleitmineralien: Quarz, Galenit, Sphalerit, Calcit.

Fundorte: Hüttenberg (Österreich); Siegerland (D).

Siderit mit Chalkopyrit. Schlema-Hartenstein, Aue/Sachsen (D). Originalbreite 4 cm.

Calcit $CaCO_3$
(Kalkspat) trigonal

H 3/**D** 2,71

Wissenswertes: Das Calciumkarbonat gehört zu den häufigsten Mineralien der Erde. Die Alpen oder der Schwäbische Jura bestehen zum großen Teil daraus.

Vorkommen: Klassische Calcitfundstellen sind Cave-in-Rock, Illinois, Elmwood, Tennessee (USA); Durango (Mexiko); Island; Cavnic (Rumänien); Egremont/Cumberland (Großbritannien); Kongsberg (Norwegen); St. Andreasberg/Harz, Freiberg/Sachsen, St. Blasien/Schwarzwald (D). Neue Funde stammen aus Malmberget (Schweden); Schlema-Hartenstein/Sachsen und Ronneburg/Thüringen (D).

Ausbildung: Derb, faserig. Sehr formenreiches Mineral, über 2000 Kristallkombinationen sind bekannt, es dominieren Skalenoeder.

Farbe: Farblos (Islandspat), weiß, gelb, grün, bräunlich, rötlich, schwarz.
Begleitmineralien: Chalkopyrit, Pyrit, Galenit, Sphalerit.
Fundorte: Becke-Oese und Holzen/Sauerland, Idar-Oberstein/Hunsrück, Artenberg/ Schwarzwald, Alverdissen/ Weserbergland (D).

Calcitkristall. Kongsberg bei Drammen (Norwegen). Kristallhöhe 5 cm (linke Seite).

Calcit. Pendeen/Cornwall (Großbritannien). Durchmesser 3,2 cm (rechts). Calcit mit Pyrit. Schacht 186, Niederschlema, Aue/Sachsen (D). Originalbreite 4,5 cm (unten).

Rhodochrosit $MnCO_3$
(Manganspat) trigonal   **H** 4/**D** 4,3 − 4,5

Wissenswertes: Früher wichtiges Manganerz, heute attraktives Sammlermineral.
Vorkommen: Huanuco (Peru); Ouray Co., Colorado (USA); St. Eulalia (Mexiko); St. Louis (Argentinien); Gladstone, Silverton (USA); Kuruman Hills, Cap Province (Südafrika); Cavnic (Rumänien); Herdorf/Siegerland, Bockenrod/Odenwald, Oberneisen/Diez, Waldalgesheim und Geisenheim/Bingen (D).
Ausbildung: Nierig-kugelig. Rhombische und skalenoedrische Kristalle, häufig zu trauben- und himbeerförmigen Aggregaten verwachsen.
Farbe: Himbeerrot, hellrosa.
Begleitmineralien: Limonit, gediegenes Kupfer.
Fundorte: Siegerland (D).

Rhodochrosit auf Quarz. Cavnic (Rumänien). Originalhöhe 3,5 cm.

Fahlerz
tetragonal

H 3 – 4/**D** 4,6 – 5,2

Wissenswertes: Mineralgruppe mit unterschiedlicher Zusammensetzung (z. B. arsenhaltig: Tennantit; antimonhaltig: Tetraedrit; quecksilberhaltig: Schwazit; silberhaltig: Freibergit). Wichtiges Silber- und Kupfererz.

Vorkommen: Butte/Montana (USA); Tsumeb (Namibia); Schwaz/Tirol (Österreich); Freiberg/Sachsen, Clausthal, Bad Grund/Harz, Dillenburg, Horhausen/Westerwald (D).

Ausbildung: Derb. Gut entwickelte Kristalle, häufig Durchkreuzungszwillinge.

Farbe: Stahlgrau, weiß bis gelblich oder bläulich.

Fundorte: Schwaz/Österreich; Oberwolfach/Schwarzwald (D).

Tetraedrit. Neudorf/Unterharz (D; o. l.). Schwazit. Schwaz/Tirol (Österreich; o. r.). Tetraedrit mit Chalkopyrit-Überzug. Bad Grund/Oberharz (D; unten).

Smithsonit $ZnCO_3$
(Zinkspat, Galmei)   trigonal   **H** 5/**D** 4,3 − 4,5

Wissenswertes: Früher wichtiges Zinkerz. Entsteht durch Verwitterung von Zinkblende.

Vorkommen: Tsumeb (Namibia); Broken Hill (Australien); Laurion (Griechenland); Beuthen (Polen); Monte Poni, Sardinien (Italien); Altenberg/Aachen, Mechernich/Eifel, Wiesloch/Heidelberg (D).

Ausbildung: Nierige Krusten, traubig, schalige Massen, selten auch Kristalle (z. B. besonders schön von Tsumeb).

Farbe: Gelb, weißlich, braun, grün, bläulich.

Begleitmineralien: Calcit, Dolomit, Sphalerit, Galenit.

Fundorte: Bleiberg/Kärnten (Österreich); Oberschulenberg/Oberharz, Velbert bei Essen (D).

Smithsonit. Laurion (Griechenland). Originalbreite 3 cm.

Dolomit $CaMg(CO_3)_2$
(Bitterspat) trigonal

H 3,5 – 4/D 2,85 – 2,95

Wissenswertes: Weit verbreitet. Gesteinsbildend, gutes Düngemittel. Verwendung in der Feuerfest-Industrie.
Vorkommen: Navarra (Spanien); Trepča (Jugoslawien); Oberdorf, Lamming/Steiermark, Schwaz/Tirol, Leogang/Salzburg (Österreich); Lengenbach (Schweiz); Waldalgesheim/ Rhein, Zeche Zollverein/Essen, Niederhövels/Siegerland, Schauinsland/Schwarzwald (D).
Ausbildung: Derb. Sattelförmig gekrümmte Aggregate.
Farbe: Farblos, weiß, leicht gelblich-bräunlich.
Begleitmineralien: Chalkopyrit, Galenit, Pyrit, Quarz, Pyrolusit, Rutil.
Fundorte: Lengenbach, Binntal (Schweiz).

Dolomit. Simplon-Tunnel (Schweiz). Originalbreite 4,7 cm.

Aragonit CaCO₃

(Eisenblüte) orthorhombisch **H** 3,5 – 4/**D** 2,95

Wissenswertes: Häufiges Mineral, seltener als Calcit. Wird teilweise zu Kunstgegenständen verarbeitet.
Vorkommen: Erzberg/Steiermark, Leogang/Salzburg (Österreich); Terlan/Südtirol (Italien); Brohltal/Eifel, Velbert/Essen, Roth/Westerwald, Dainrode, Sasbach/Kaiserstuhl, Kamsdorf/Thüringen (D).
Ausbildung: Derb, pseudo-hexagonale Kristalle, stalaktitische Bildungen. Verästelt („Eisenblüte"), rundliche Gebilde („Höhlenperlen").
Farbe: Farblos, weiß, gelblich, grau, grünlich, bläulich, rötlich.
Begleitmineralien: Dolomit.
Fundorte: Hüttenberg (Österreich); Brohltal, Eifel (D).

Aragonit auf Calcit. Steinbruch Heimberg, Wolfshagen/Harz (D). Originalbreite 1,3 cm.

Strontianit $SrCO_3$
orthorhombisch

H 3,5/**D** 3,7

Wissenswertes: Früher wichtiges Mineral bei der Zuckerproduktion bzw. Pyrotechnik.

Vorkommen: Wirtschaftliche Lagerstätten befanden sich im Münsterland/Westfalen. Zu nennen sind Münster, Ascheberg, Drensteinfurt, Ahlen, Dreislar/Sauerland, Clausthal-Zellerfeld/Oberharz, Kößnitz/Thüringen (D); Strontian (Schottland); Oberndorf/Lamming (Österreich).

Ausbildung: Derb, strahlig, säulige Kristalle, oft büschelig verwachsen.

Farbe: Farblos, weiß, bräunlich.

Begleitmineralien: Calcit, Pyrit, Markasit.

Fundort: Ascheberg/Münsterland (D).

Strontianitkristalle. Neubeckum, Ahlen/ Westfalen (D). Originalhöhe 3 cm.

Cerussit $CaPbCO_3$
(Weißbleierz) orthorhombisch   **H** 3 − 3,5/**D** 6,4

Wissenswertes: Oxidationsmineral auf Bleierzlagerstätten. Früher Abbau als Blei-
mineral.
Vorkommen: Die besten Kristalle stammen von Tsumeb
(Namibia). Weitere berühmte Lokalitäten: Touissit (Marokko); Leadhills (Schottland);
Monte Poni/Sardinien (Italien); Mies (CSFR); Oberschu-
lenberg/Oberharz, Bad Ems/
Lahn, Mechernich/Eifel (D).

Ausbildung: Große Formen-
vielfalt, meist Zwillinge und
Drillinge. Sternförmig.
Farbe: Farblos, weiß, gelb-
lich, schwarz.
Begleitmineralien: Galenit,
Anglesit.
Fundorte: Bleialf/Eifel, Schau-
insland/Schwarzwald, Ober-
schulenberg/Harz (D).

Cerussit. Grube Schauinsland, Freiburg/
Schwarzwald (D). Kristallhöhe 7 mm.

Azurit $Cu_3(CO_3)_2(OH)_2$
(Kupferlasur) monoklin

H 3,5 − 4/**D** 3,7 − 3,9

Wissenswertes: Sekundäres Kupfermineral aus der Oxidationszone. Verwendung zu Schmuck und kunstgewerblichen Gegenständen.
Vorkommen: Tsumeb (Namibia). Bisbee/Arizona (USA); Cheesy/Lyon (Frankreich); Touissit (Marokko); Alghero, Sardinien (Italien); Altenmittlau/Spessart, Mechernich/Eifel (D).
Ausbildung: Derb, nierig, flächenreiche Kristalle, kugelige Aggregate. Häufig pseudomorph nach Malachit.
Farbe: Dunkelblau, fast schwarz.
Begleitmineralien: Malachit, Cerussit.
Fundorte: Oberwolfach und Neubulach/Schwarzwald, Thalitter bei Korbach (D).

Azurit. Alghero/Sardinien (Italien). Kristallhöhe 3 cm.

Malachit $Cu_2(CO_3)(OH)_2$
monoklin

H 3,5 – 4/**D** 4,0

Wissenswertes: Häufiges Kupfersekundärmineral. Auftreten und Verbreitung ähnlich wie Azurit. Beliebtes Schmuckmaterial.
Vorkommen: Tsumeb (Namibia); Zaire; Nishne Tagilsk, Sibirien (UdSSR); Wissen, Kausen und Herdorf/Siegerland, Altenmittlau/Spessart, Oberschulenberg/Oberharz, Kamsdorf/Thüringen (D).
Ausbildung: Erdig, derbe Massen, nierig, zapfenförmig. Kristalle meist nadelig, in Büscheln.
Farbe: Smaragdgrün.
Begleitmineralien: Gediegenes Kupfer, Cuprit, Azurit.
Fundorte: Oberschulenberg/Oberharz (D).

Malachit. Cornwall (Großbritannien). Originalbreite 3 cm (o. l.). Hüttenberg/Kärnten (Österreich). Länge bis 1 cm (o. r.). Rheinbreitbach (D). Originalbreite 7 cm (unten).

Rosasit $(Cu,Zn)_2(CO_3)(OH)_2$
monoklin

H 4,5/**D** 4,0 − 4,2

Wissenswertes: Kommt auf Zink-Kupfer-Blei-Lagerstätten als Oxidationsmineral vor. Nicht häufig.

Vorkommen: Mapimi, Durango (Mexiko); Majuba Hill-Mine, Pershing Co., Nevada (USA); Tsumeb (Namibia); Mina Rosas, Sulcis/Sardinien (Italien); Ramsbeck/Sauerland, Oberwolfach/Schwarzwald (D).

Ausbildung: Kugelige Aggregate, Krusten, auch nierig.

Farbe: Bläulichgrün bis grün, himmelblau.

Begleitmineralien: Gediegenes Kupfer, Smithsonit, Hemimorphit, Aurichalcit.

Fundorte: Oberwolfach/Schwarzwald, Steinbruch Rohdenhaus, Velbert/Niederbergisches Land (D).

Rosasitkugeln. Rohdenhaus, Velbert/Niederbergisches Land (D). Originalbreite 3 cm.

Bastnäsit-(Ce) $(Ce,La)(CO_3)F$

hexagonal

H 4,0 – 4,5/**D** 4,78 – 5,02

Wissenswertes: Mineral der Seltene-Erden-Reihe. Nicht häufig.

Vorkommen: Bastnäs (Schweden); San Bernadino Co., Californien und Pikes Peak, Colorado (USA); Trimouns Mine, Luzenac, Pyrenäen (Frankreich); Oberwolfach, Gengenbach/Schwarzwald (D).

Ausbildung: Dünne, sechsseitige Plättchen. Von Luzenac neuerdings auch schöne bis 0,5 cm dicke Kristalle bekannt.

Farbe: Wachsgelb, ockerbraun, rotbraun.

Begleitmineralien: Talk, Dolomit, Allanit, Parisit, Synchisit, Quarz.

Fundorte: Trimouns Mine, Luzenac, Pyrenäen (Frankreich).

Bastnäsit-(Ce)-Kristall auf Dolomit. Luzenac/Pyrenäen (Frankreich). Originalbreite 2 cm.

Boracit $Mg_3B_7O_{13}Cl$
(Staßfurtit) orthorhombisch $\quad$ **H** 7/**D** 2,9 – 3,0

Wissenswertes: Typisches Mineral aus den wasserunlöslichen Regionen von Salzhorsten.

Vorkommen: Aislaby, Yorkshire (Großbritannien); Kalkberg bei Lüneburg, Lehrte bei Hannover, Wathlingen/Celle, Bernburg, Westeregeln und Staßfurt/Sachsen-Anhalt (D).

Ausbildung: Pulverig, faserig, knollig (Staßfurtit). Eingewachsene, gut entwickelte Kristalle mit kubisch-tetraedrischem Habitus. Wasserunlöslich.

Farbe: Farblos, weiß, grau, bräunlich, grünblau.

Begleitmineralien: Anhydrit.

Fundorte: Früher Kalkberg/Lüneburg (D), sonst nur aus dem Bergbau bekannt.

Boracitkristalle in Anhydrit. Sondershausen/Thüringen (D). Kantenlänge 3,5 mm.

Coelestin $SrSO_4$
orthorhombisch

H 3 – 3,5/**D** 3,9 – 4,0

Wissenswertes: Wichtiges Mineral zur Gewinnung von Strontium. Besonders schöne Kristalle in großen Drusen von Madagaskar bekannt.
Vorkommen: San Luis Potosi (Mexiko); Madagaskar; Agrigent/Sizilien (Italien); Leogang/Salzburg (Österreich); Rüdersdorf bei Berlin, Wöltjebuche/ Deister, Obergembeck/Hessen, Schacht Konrad/Salzgitter (D).

Ausbildung: Derb, faserig („Fasercoelestin"), schöne Kristallgruppen in Drusen.
Farbe: Farblos, blau, gelblich, rötlich.
Begleitmineralien: Strontianit, Colemanit, gediegener Schwefel, Gips, Aragonit.
Fundorte: Rüdersdorf bei Berlin (D).

Coelestinkristalle auf Aragonit. Herrengrund (CSFR). Originalbreite 1,6 cm.

Baryt BaSO$_4$

(Schwerspat) orthorhombisch

H 3 – 3,5/**D** 4,5

Wissenswertes: Wichtiges Bariumerz. Wegen seiner hohen Dichte früher Schwerspat genannt. Verwendung bei der Papierherstellung, bei Tiefbohrungen, als Kontrastmittel in der Medizin.

Vorkommen: El Creek, South Dakota (USA); Algerien; Frizington (Großbritannien); Dreislar/Sauerland, Wolfach/Schwarzwald, Rockenberg/Hessen, Pöhla/Sachsen (D).

Ausbildung: Derb, flachtafelige Kristalle, zu Gruppen und Kugeln aggregiert („Sandrosen" bzw. „Wüstenrosen").

Farbe: Farblos, weiß, braun, gelb, blau, rötlich, schwarz.

Begleitmineralien: Dolomit, Chalkopyrit, Strontianit.

Fundort: Wolfach/Schwarzwald (D).

Baryt mit Chalkopyrit. Dreislar bei Medebach/Sauerland (D). Originalbreite 7 cm.

Anglesit $PbSO_4$
orthorhombisch

H 3/**D** 6,38

Wissenswertes: Oxidationsmineral von Bleierzen. Heute keine wirtschaftliche Bedeutung mehr.

Vorkommen: Touissit (Marokko); Tsumeb (Namibia); Chester Co., Pennsylvania (USA); Broken Hill (Australien); Monte Poni/Sardinien (Italien); Linares (Spanien); Leadhills (Schottland); Müsen, Littfeld/Siegerland, Bleialf/Eifel (D).

Ausbildung: Derbe Krusten, flächenreiche Kristalle, tafelig, rautenförmig.

Farbe: Farblos, weiß, gelblich, grau, leicht bläulich und grünlich.

Begleitmineralien: Galenit, gediegener Schwefel.

Fundorte: Oberschulenberg/Harz, Littfeld/Siegerland (D).

Anglesitkristalle. Monte Poni/Sardinien (Italien). Originalbreite 3,5 cm.

Selenit CaSO$_4$ · 2H$_2$O
(Gips) monoklin

H 1,5 − 2/**D** 2,3 − 2,4

Wissenswertes: Weit verbreitet, insbesondere als Bestandteil von Salzlagerstätten („Gipshut"). Auch in Tonlagern. Wird vor allem in der Bauindustrie benötigt.
Vorkommen: Naica und St. Eulalia (Mexiko); Algerien; Zaragoza (Spanien); Osterode/Harz, Eisleben/Sachsen-Anhalt, Borken/Kassel (D).
Ausbildung: Dichte Massen („Alabaster", „Fasergips"),
klar-durchsichtig („Marienglas"), verzwillingte Kristalle („Schwalbenschwanz"), mit Quarzkörner-Einschluß („Wüstenrosen").
Farbe: Wasserklar, weiß, schwarz.
Begleitmineralien: Halit.
Fundorte: Weenzen/Weserbergland (D).

Gipskristalle. Zaragoza (Spanien). Kristallhöhe 3 cm.

Krokoit PbCrO$_4$
(Rotbleierz) monoklin

H 2,5 – 3/**D** 5,9 – 6

Wissenswertes: Seltenes Chrommineral, welches sich in der Oxidationszone beim Kontakt von chrom- mit bleihaltigen Erzen bildet.
Vorkommen: Adelaide Mine, Dundas (Tasmanien); Beresov (UdSSR); Tiger, Arizona (USA); in Deutschland das berühmte Vorkommen bei Obercallenberg bei Hohenstein-Ernstthal/Sachsen.
Ausbildung: Gut entwickelte Kristalle, nadelig, häufig zu Gruppen aggregiert, wirrstrahlig. Senkrechte Flächenstreifung.
Farbe: Gelblichrot, rot.
Begleitmineralien: Pyromorphit, Cerussit, Wulfenit, Quarz, Fornacit.
Fundorte: Adelaide Mine, Dundas (Tasmanien).

Krokoitkristalle. Obercallenberg bei Hohenstein-Ernstthal/Sachsen (D). Länge bis 2 cm.

Scheelit CaWO$_4$
(Tungstein) tetragonal

H 4,5 − 5/**D** 5,9 − 6,1

Wissenswertes: Sehr wichtiges Wolframerz. Leuchtet unter der UV-Lampe gelblich bis bläulich.

Vorkommen: Taehwe-Mine (Korea); Ultevis (Schweden); Knappenwand/Untersulzbachtal, Mittersill (Österreich); Traversella (Italien); Gwennap, Cornwall (Großbritannien); Sauberg, Ehrenfriedersdorf, Schwarzenberg, Zinnwald/Erzgebirge (D).

Ausbildung: Feinkörnig, eingesprengt, dipyramidale Kristalle.

Farbe: Farblos, weiß, grau, gelb, braun.

Begleitmineralien: Quarz, Muskovit, Wolframit.

Fundorte: Mittersill, Pinzgau (Österreich); Ehrenfriedersdorf, Sachsen (D).

Scheelitkristall. Sauberg, Ehrenfriedersdorf/Sachsen (D). Kristallhöhe 2,8 cm.

Wulfenit $PbMoO_4$

(Gelbbleierz) tetragonal

H 3/**D** 6,7 – 6,9

Wissenswertes: Als Molybdänerz untergeordnete Bedeutung. Dafür ein attraktives Sammlermineral!

Vorkommen: Red Cloud-Mine, Glove-Mine, Mammoth-Mine, Arizona (USA); Los Lamentos (Mexiko); Marokko; Tsumeb (Namibia); Bleiberg, Kärnten (Österreich); Mies und Mežina-Mine, Slowenien (Jugoslawien); Badenweiler und Weiler/Schwarzwald (D).

Ausbildung: Kristalle sind gewöhnlich dünntafelig.

Farbe: Gelblich, orangerot, braun, grünlichbraun, rot.

Begleitmineralien: Calcit, Mimetesit, Pyromorphit.

Fundorte: Weiler bei Lahr/Schwarzwald (D); Bleiberg/Kärnten (Österreich).

Wulfenitkristall. Bleiberg/Kärnten (Österreich). Originalbreite 4 cm.

Libethenit $Cu_2(PO_4)(OH)$

orthorhombisch

H 4/**D** 3,97

Wissenswertes: Seltenes Kupfer-Sekundärmineral, welches nur für Sammler von Interesse ist.

Vorkommen: Lubietová („Libethen", CSFR); Rokana Mine (Zambia); Wheal Gorland, Gwennap/Cornwall (Großbritannien); Hagendorf/Oberpfalz, Reichenbach/Odenwald, Eisenberg/Korbach (D).

Ausbildung: Meist nierige Krusten, prismatische bis pseudooktaedrische Kristalle.

Farbe: Dunkelgrün bis schwarzgrün.

Begleitmineralien: Euchroit, Malachit, Chrysokoll, Reichenbachit.

Fundorte: Lubietová („Libethen", CSFR); Reichenbach/Odenwald (D).

Libethenitkristalle von Lubietová/Slowakei (CSFR). Kantenlänge 3 mm.

Olivenit $Cu_2(AsO_4)(OH)$
orthorhombisch

H 3/**D** 4,4

Wissenswertes: Sekundärmineral in der Oxidationszone arsenreicher Kupfererzgänge.
Vorkommen: Tsumeb (Namibia); Nishne Tagilsk, Sibirien (UdSSR); Majuba Hill-Mine, Nevada (USA); Gwennap, Cornwall (Großbritannien); Oberwolfach/Schwarzwald, Imsbach/Pfalz (D).
Ausbildung: Derb, radialstrahlig, watteähnliche verfilzte Aggregate, tafelig-prismatische Kristalle, nadelig, faserig mit Seidenglanz.
Farbe: Weißlichgrün, olivgrün, schwarzgrün.
Begleitmineralien: Baryt, Fluorit, Cornwallit, Skorodit, Dioptas, Calcit.
Fundorte: Imsbach/Pfalz, Grube Clara, Oberwolfach/Schwarzwald (D).

Olivenit auf Quarz. Grube Clara, Oberwolfach/Schwarzwald (D). Originalbreite 4 cm.

Apatit $Ca_5(PO_4)_3F$
(Fluor-Apatit) hexagonal

H 5/**D** 3,1 – 3,2

Wissenswertes: Wichtiges Mineral zur Düngemittelherstellung, Phosphorsäure-Träger!

Vorkommen: Kola (UdSSR); Zé Pinto, Minas Gerais (Brasilien); Durango (Mexiko); Panasqueira (Portugal); Snarum (Norwegen); Knappenwand, Untersulzbach (Österreich); Epprechtsstein/ Fichtelgebirge, Ehrenfriedersdorf, Sachsen (D).

Ausbildung: Erdig, chalcedonartige Krusten, gut entwickelte, meist kurzprismatische Kristalle (bis zentnerschwer!).

Farbe: Farblos, milchig, gelb, blau, grün, violett, rosa.

Begleitmineralien: Muskovit.

Fundorte: Üdersdorf, Mendig/Eifel (D).

Apatitkristall. Sauberg, Ehrenfriedersdorf/ Sachsen (D). Durchmesser 1,2 cm.

Pyromorphit $Pb_5(PO_4)_3Cl$
(Grün-, Braunbleierz) hexagonal   **H** 3,5 – 4/**D** 6,7 – 7,0

Wissenswertes: Oxidationsmineral auf Bleiglanzlagerstät-
ten. Begehrtes Sammlermineral.
Vorkommen: Bunker Hill,
Kellogs (USA); Broken Hill
(Australien); Ussel (Frankreich); Příbram (CSFR); Bad
Ems und Braubach/Lahn, Wil-
gersdorf/Siegerland, Krans-
berg/Taunus, Krandorf/Ober-
pfalz, Freiberg und Zscho-
pau/Sachsen (D).

Ausbildung: Nadelig, faß-
oder tonnenförmig („Emser
Tönnchen"). Pseudomorpho-
sen nach Galenit und umge-
kehrt (Blaubleierz).
Farbe: Farblos, weiß, bräun-
lich, grünlich, schwarz.
Begleitmineralien: Galenit.
Fundorte: Bad Ems/Lahn,
Ramsbeck/Sauerland (D).

Pyromorphit auf Quarz. Rheinbreitbach/
Bonn (D). Originalbreite 1 cm.

Mimetesit $Pb_5(AsO_4)_3Cl$

(Kampylit) monoklin **H** 3,5-4,0/**D** 7,28

Wissenswertes: An Arsenerze gebundenes Sekundärmineral.

Vorkommen: Auf Bleierzlagerstätten. Tsumeb (Namibia); St. Eulalia, Chihuahua und Mapimi, Durango (Mexiko); Caldbeck Fells, Cumberland (Großbritannien); Badenweiler/Schwarzwald, Johanngeorgenstadt/Sachsen (D).

Ausbildung: Ähnlich Pyromorphit. Krusten, rundlich-kugelige Aggregate (Kampylit). Mischkristalle mit Pyromorphit bildend.

Farbe: Weiß, bräunlich, gelb, grünlich, orangebraun.

Begleitmineralien: Quarz, Pyromorphit, Carminit.

Fundorte: Altenmittlau/Spessart, Weiler bei Lahr/ Schwarzwald (D).

Mimetesit auf Quarz. Urberg, St. Blasien/ Schwarzwald (D). Originalbreite 2,5 cm.

Variscit $AlPO_4 \cdot 2H_2O$
orthorhombisch

H 3,5 − 4,5/**D** 2,6

Wissenswertes: Hübsches Sammlermineral, ähnlich Wavellit.

Vorkommen: Fairfield, Utah Co., Bear, Arkansas (USA); Warstein/Sauerland, Waldgirmes/Wetzlar, Auerbach/Oberpfalz, Stockum bei Sundern/Sauerland, Meßbach/Plauen, Langenstriegis und Ronneburg/Thüringen (D).

Ausbildung: Rhombische Einzelkristalle, zu Garben ver-wachsen, radialstrahlige Kugeln mit parkettierter Oberfläche, nierig-warzig, opal-ähnlich.

Farbe: Farblos, hell- bis smaragdgrün, bläulich.

Begleitmineralien: Wavellit, Eleonorit, Strengit.

Fundorte: Waldgirmes/Wetzlar, Warstein/Sauerland (D).

Variscit. Highdown Quarry, Filleigh/Cornwall (Großbritannien). Originalbreite 3,5 cm.

Strengit $Fe^{3+}PO_4 \cdot 2H_2O$
orthorhombisch

H 3 – 4/**D** 2,87

Wissenswertes: Bildet sich bei der Verwitterung eisenreicher Phosphate.
Vorkommen: Pala Mine, San Diego Co., Californien (USA); Mangualde (Portugal); Leveäniemi Mine, Svappavaara/Kiruna (Schweden); Pleystein und Hagendorf/ Oberpfalz, Warstein/Sauerland, Waldgirmes/Wetzlar (D).
Ausbildung: Kugelig, radialstrahlig, isometrische oder tafelige Kristalle in Rosetten.
Farbe: Farblos, weiß, violettrosa, fliederfarben, lila, grünlich.
Begleitmineralien: Eleonorit, Rockbridgeit, Beraunit, Laubmannit, Kidwellit.
Fundorte: Warstein/Sauerland, Waldgirmes/Wetzlar (D).

Strengitkugeln. Leveäniemi Mine, Svappavaara (Schweden). Originalbreite 2,6 cm.

Erythrin $Co_3(AsO_4)_2 \cdot 8H_2O$
(Kobaltblüte) monoklin   **H** 1,5 – 2,5/**D** 3,18

Wissenswertes: Sekundärmineral in der Oxidationszone kobaltreicher Erze.
Vorkommen: Ontario (Kanada); Bou Azzer (Marokko);
Schneeberg/Sachsen, Richels-
dorf/Hessen, Bieber/Spes-
sart, Wittichen/Schwarzwald
(D).
Ausbildung: Hübsche Kristalle, undurchsichtig bis transparent, zu Rosetten und Bü-
scheln angeordnet. Auch

Überzüge und Krusten.
Farbe: Pfirsichblütenrot bis
rot, bei Zersetzung auch ins
Grünlichgraue übergehend.
Begleitmineralien: Quarz,
Skutterudit, Cobaltin.
Fundorte: Imsbach/Pfalz,
Schneeberg/Sachsen, Witti-
chen/Schwarzwald, Richels-
dorfer Gebirge (D).

Erythrinkristalle. Schneeberg/Sachsen (D).
Länge bis 3,7 cm.

Annabergit $Ni_3(AsO_4)_2 \cdot 8H_2O$
(Nickelblüte) monoklin   **H** 2/**D** 3,0 – 3,1

Wissenswertes: Sekundär-mineral. Entsteht bei der Zer-setzung nickelhaltiger Mine-ralien, z. B. Chloanthit oder Millerit.

Vorkommen: Sierra Cabrera, Almeria (Spanien); Laurion (Griechenland); Imsbach/ Pfalz, Urberg, St. Blasien/ Schwarzwald, Richelsdorf/ Hessen (D).

Ausbildung: Meistens in dün-nen Krusten. Gute Kristalle sind nicht sehr häufig.

Farbe: Maigrün, apfelgrün bis graugrün.

Begleitmineralien: Chloan-thit, Nickelin, Erythrin, Mille-rit, Retgersit.

Fundorte: Laurion (Griechen-land); Richelsdorf/Hessen, Ramsbeck/Sauerland, Ims-bach/Pfalz (D).

Annabergit. Laurion (Griechenland). Originalbreite 1,4 cm.

Granat
kubisch

H 6,5 – 7,5/**D** 3,4 – 4,6

Wissenswertes: Granat ist der Oberbegriff für mehrere Varietäten, die sich äußerlich ähneln, chemisch aber verschieden sind. Almandin (rot, dunkelrot), Spessartin (gelb bis rotbraun), Pyrop (blutrot), Grossular (farblos, hellgrün), Andradit (grün, braun), Uwarowit (dunkelgrün), Melanit (schwarz), Topazolith (gelb), Demantoid (gelbgrün), Hessonit (farblos, hellgrün, rot).

Vorkommen: Seiser Alm/ Südtirol (Italien); Ötztal/Tirol (Österreich); Spessart (D).
Ausbildung: Formenreiche Kristalle mit Flächenstreifung.
Fundorte: Granatenkogel/ Südtirol (Italien); Laacher See/Eifel (D).

Granat. Rocca Mussa/Val d'Ala (Italien). Kristallbreite 2 cm (o. l.). Schneeberg/Südtirol (Italien). Durchmesser 4,5 cm (o. r.). Hessonit. Weinebene, Koralpe/Kärnten (Österreich). Originalbreite 6 cm (unten).

Topas $Al_2SiO_4(F,OH)_2$
orthorhombisch

H 8/**D** 3,5 − 3,6

Wissenswertes: Beliebter Edelstein, Leitmineral für pneumatolytische Bildungen.
Vorkommen: Alabaschka (UdSSR); Mimosa, Espirito Santo, Minas Gerais (Brasilien); Thomas Mountains/ Utah, Pikes Peak/Colorado (USA); Grotta di Oggi, Elba (Italien); Schneckenstein/ Vogtland, Altenberg/Sachsen, Epprechtstein/Fichtelgebirge (D).

Ausbildung: Flächenreiche Kristalle, langprismatisch, stengelig (Pyknit).
Farbe: Farblos, weingelb, violett, bräunlich, blau, rötlich.
Begleitmineralien: Mikroklin, Quarz, Albit, Beryll, Bixbyit.
Fundorte: Ettringen/Eifel, Nähe Schneckenstein/Vogtland (D).

Topas in Quarz. Schneckenstein/Vogtland (D). Kantenlänge 1,1 cm.

Titanit $CaTiSiO_5$
(Sphen) monoklin

H 5,0 – 5,5/**D** 3,5

Wissenswertes: Typisches Mineral der alpinen Klüfte.
Vorkommen: Pakistan; Gardiner Plateau, Grönland (Dänemark); Teufelsmühle/Habachtal, Pfitschtal/Tirol, Geiger/Stubachtal, Schiedergraben und Amertal/Felbertal (Österreich); St. Gotthard-Gebiet (Schweiz); Katzenbuckel/Odenwald, Kropfmühl bei Passau/Bayer. Wald (D).
Ausbildung: Durchsichtig bis undurchsichtig, tafelige Kristalle, meist „kuvertförmig".
Farbe: Grünlich, gelb, bräunlich.
Begleitmineralien: Adular, Albit, Chlorit, Bergkristall.
Fundorte: Habachtal, Amertal und Felbertal/Pinzgau (Österreich); Emmelberg und Bellerberg/Eifel (D).

Titanitkristall. Geiger, Stubachtal/Salzburg (Österreich). Kristallhöhe 4 cm.

Epidot $Ca_2(Al,Fe)_3Si_3O_{12}(OH)$
(Pistazit) monoklin **H** 6 – 7/**D** 3,3 – 3,5

Wissenswertes: Begehrtes Sammlermineral, vor allem aus den Alpen.

Vorkommen: Prince of Wales Island (Alaska); Arendal (Norwegen); Knappenwand/ Untersulzbachtal, Söllnkar/ Krimmler Achental, Gertrusk, Saualpe/Kärnten (Österreich); Striegau (Polen); Auerbach/Bensheim, Braunlage und Huneberg/Oberharz (D).

Ausbildung: Nadelige Kristalle mit Längsstreifung, Gruppen bildend.

Farbe: Hellgrün, dunkelgrün, braun, selten rot.

Begleitmineralien: Byssolith, Albit, Apatit, Diopsid, Quarz.

Fundorte: Untersulzbachtal, Söllnkar/Krimmler Achental (Österreich); Huneberg/ Oberharz (D).

Epidot mit Byssolith. Knappenwand/Untersulzbachtal (Österreich). Originalbreite 7 cm.

Turmalin
trigonal

H 7/**D** 3,0 – 3,25

Wissenswertes: Begriff für verschiedene Borsilikate, u. a. Achroit (farblos bis zartgrün), Rubellit (rot), Indigolith (blau), Schörl (schwarz), Verdelith (grün), Dravit (braun, grünbraun).
Vorkommen: In Granitpegmatiten. Gilgit (Pakistan); Hyakule (Nepal); Itatiaia und Minas Gerais (Brasilien); Stewart-, Pala- und Himalaya-Mine, San Diego Co./Califor- nien, Mount Mica, Oxford Co./Maine (USA); Grotta di Oggi, Elba (Italien); Waldstein/Fichtelgebirge (D).
Ausbildung: Nadelig, kurzsäulig, radialstrahlig.
Farbe: Siehe Varietäten.
Begleitmineralien: Quarz.
Fundorte: Sonnenberg/Oberharz (D).

Turmalinkristalle. Alle von San Piero/Elba (Italien). Maximale Größe 2,5 cm.

89

Glimmergruppe
monoklin

H 2,0 – 2,5/**D** 2,78 – 2,88

Wissenswertes: Die Eigenschaften der Glimmerfamilie sind chemisch unterschiedlich, ähneln sich aber äußerlich. Folgende Varietäten treten häufiger auf: Muskovit, Paragonit, Phlogopit, Biotit, Lepidolith, Zinnwaldit, Margarit, Gilbertit, Fuchsit.
Vorkommen: In Pegmatiten, Gneisen und Graniten. Zé Pinto, Minas Gerais (Brasilien); Pargas (Finnland).

Ausbildung: Ein- und aufgewachsene Plättchen, schuppig, biegsam.
Farbe: Farblos, gelblich, bräunlich, grünlich, bläulich, schwarz.
Begleitmineralien: Quarz.
Fundorte: Laacher See-Gebiet/Eifel (D).

Phlogopit. Lengenbach (Schweiz; o. l.). Muskovit mit Dolomit. Simplon-Tunnel (Schweiz; o. r.). Biotit. Monzoni/Südtirol (Italien; unten).

Orthoklas KAlSi$_3$O$_8$
(Kalifeldspat) monoklin **H** 6/**D** 2,53 − 2,56

Wissenswertes: Aus der großen Familie der Feldspäte, zu denen u. a. auch Adular, Albit, Hyalophan, Sanidin, Mikroklin, Oligoklas und Plagioklas mit verschiedenen weiteren Varietäten gehören, sei der Orthoklas vorgestellt.
Vorkommen: Bestandteil vieler magmatischer Gesteine (Granit, Gneis, Syenit). Elba, Baveno (Italien); Iveland (Norwegen); Brocken (D).

Ausbildung: Ein- und aufgewachsene Kristalle. Unterschieden werden Karlsbader-, Manebacher- und Bavenoer Zwillinge.
Farbe: Weiß, gelblich.
Begleitmineralien: Quarz, Turmalin, Apatit.
Fundorte: Epprechtstein/Fichtelgebirge (D).

Orthoklas. Reutenbach, Rodewich/Vogtland (D). Kantenlänge 5 cm.

Stilbit

NaCa$_2$(Al$_5$Si$_{13}$)O$_{36}$ · 14H$_2$O

(Desmin) monoklin

H 3,0 – 3,5/**D** 2,1 – 2,2

Wissenswertes: Stilbit gehört zur Gruppe der Zeolithe, zu denen u. a. Natrolith, Heulandit und Laumontit zählen.

Vorkommen: Häufig, hauptsächlich in Hohlräumen von Mandelstein, in Granitdrusen oder selten in alpinen Klüften. Poona (Indien); Berufjord (Island); Striegau (Polen); Felbertal, Habachtal und Hollersbachtal/Pinzgau (Österreich); Fassatal/Südti-rol (Italien); Tittling/Bayer. Wald (D).

Ausbildung: Garbenförmige Büschel, Durchkreuzungszwillinge.

Farbe: Weiß, braun, rötlich.

Begleitmineralien: Albit, Fluorit, Rauchquarz.

Fundorte: Waldstein/Fichtelgebirge, Huneberg/Harz (D).

Stilbit auf Adular. Striegau (Polen) Kristalllänge 2 cm.

Bernstein organisch
(Fossiles Harz)

H 2,0 – 2,5/**D** 1,0 – 1,1

Wissenswertes: Bernstein ist eine organische Verbindung mit Harzen, Bernsteinsäure und flüchtigem Öl, die vor etwa 50 Mio. Jahren entstanden ist. Dient als Schmuckstein.

Vorkommen: Findet sich häufig in braunkohleführenden Schichten. Bedeutende Vorkommen bei Königsberg, Ostpreußen (Polen), aber auch aus der Karibik bekannt. In Norddeutschland in vielen Sandgruben.

Ausbildung: Rundliche Aggregate, nierig, glänzende Oberfläche. Manchmal Einschlüsse von Insekten und Pflanzen.

Farbe: Honiggelb, bräunlich.

Fundorte: Ost- und Nordseeküste, Kiesgruben in Norddeutschland (D).

Bernstein. Hennestrand bei Varde (Dänemark). Durchmesser bis 1 cm.

Register

Sammlungs-nachweis

Bally-Museum Schönenwert (CH) 60, 90o.l., 90o.r.; Barstow 14, 57o., 81; Bergakademie Freiberg 29, 30, 83, 86; Bode 36, 38, 45u., 70, 93; Bolland 9, 12, 84; British Museum of Natural History London 53; Burgsteiner 41, 92; Burkhardt 74, 78; County-Museum Truro 23; Dr. Hyrsl 16, 22, 76; Dr. Och 48, 73, 91; Dr. Steinkamm 11, 28; Eitel 38o.r., 77; Escuela de Minas Madrid 10, 21; Estrov 26; ETH Zürich 69; Flach 35; Folch 31, 38u., 52; Franke 63; Fricke 6, 13; Gaarder 3; Geologisk Museum Kopenhagen 42, 72; Gölker 17; Grabner 45o.l.; Gulich 80; Gundermann 61; Haake 34, 46o., 49, 68; Harms 66; Hartl 86u.; Hefendehl 50, 54; Hochreiner 85o.r.; Knobloch (†) 75; Lüders 32; Mineralogisches Museum Florenz 64, 89o.l.; Morgner 7, 18, 55; Naturhistorisches Museum Basel 47; Naturhistorisches Museum Bern 33; Naturhistorisches Museum Genf 51, 82; Naturhistorisches Museum Wien 15, 19, 24, 40, 56, 67, 89o.r.; Nottebohm 20; Nowak 87; Robitschko 25; Royal Scottish Museum Edinburgh 46u.; Schenn 65o.r.; Schubert 57u.; Schweisfurth Umschlagrückseite r.; Steiner 43, 88; Stockmeier 38o.l.; Technische Universität Clausthal 58, 62; Mineralogisches Institut der Universität Bonn Titelbild, 27, 44, 65u., 79, 89u.l.; Universität Hamburg 59; Universität Mainz Umschlagrückseite l.; Universität Marburg 89u.r.; Universität Rom 71, 85o.l.; Verant 90u.; Wirausky 45o.r.

Literatur

Bode, R., Wittern, A.: Mineralien und Fundstellen, Bundesrepublik Deutschland, Teil 1 (West). Bode, Haltern 1990.
Haake, R., Flach, S., und Klaus, D.: Mineralien und Fundstellen, Bundesrepublik Deutschland, Teil 2 (Ost). Bode-Verlag, Haltern 1992.
Lieber, W.: Der Mineraliensammler. Ott-Verlag, Thun 1988.
Ramdohr, P., Strunz, H.: Klockmanns Lehrbuch der Mineralogie. Enke Verlag, Stuttgart 1978.
Wittern, A.: Taschenbuch der Mineralienfundstellen, Deutschland Teil 1 (West). Bode Verlag, Haltern 1990.

Der Aufschluß. Zeitschrift der VFMG, Heidelberg (6× pro Jahr). VFMG, Blumenthalstr. 40, D-6900 Heidelberg.
Emser Hefte. Vorwiegend auf deutschsprachige Fundstellen spezialisiert (4× pro Jahr). Emser Hefte, Dürnberg 2, D-4358 Haltern 4.
Mineralien-Welt. Großformatiges Sammler-Magazin (6× pro Jahr). Bode Verlag GmbH, Dürnberg 2, D-4358 Haltern 4.
Schweizer Strahler. Zeitschrift der SVSM (6× pro Jahr, zweisprachig). Schweizer Strahler, Postfach 71, CH-2500 Biel 8.
Rivista Mineralogica Italiana. In italienischer Sprache mit deutschen Kurzauszügen (4× pro Jahr). Erberto Tealdi, Via Bronzetti 24, I-20129 Milano.

Mit 117 Farbfotos von Rainer Bode und 16 Zeichnungen von Rainer Bode (14) und Brigitte Zwickel-Noelle (2).

Umschlag von Jürgen Reichert, Stuttgart
Umschlagvorderseite: Malachit und Azurit, Clifton (USA), Originallänge 6 cm; Umschlagrückseite: Rhodochrosit, Grube Wolf, Herdorf (D), Höhe 4,5 cm; Rauchquarz, Ginstöckli/Graubünden (Schweiz), Kristalle bis 3 cm.

Die Deutsche Bibliothek –
CIP-Einheitsaufnahme

Bode, Rainer:
Mineralien/Rainer Bode. – Stuttgart: Franckh-Kosmos, 1992
  (Kosmos Naturführer)
  ISBN 3-440-06403-4
NE: HST

Sammlervereine

Deutschland (Auswahl)
GWF - Geowissenschaftlicher Freundeskreis Mainz-Wiesbaden e.V., Passauer Straße 2, D-6502 Mainz-Kostheim.
Lübecker Mineralienfreunde e.V., Geibelstr. 2a, D-2407 Bad Schwartau.
Mineralien- und Fossilienfreunde Bayer-Leverkusen, Kurt-Schumacher-Ring 69, D-5090 Leverkusen.
Mineralien- und Fossilienfreunde Hof, Graben 33, D-8670 Hof.
Mineralien- und Fossilienfreunde des Naturkundemuseums Dortmund, Museum für Naturkunde, Münsterstr. 271, D-4600 Dortmund 1.
Münchner Mineralienfreunde e.V., Hahilingastr. 15a, D-8024 Oberhaching.
VFMG – Vereinigung der Freunde von Mineralogie und Geologie e.V., Blumenthalstr. 40, D-6900 Heidelberg.
Verein der Freunde von Mineralien und Bergbau Oberwolfach e.V., Mühlengrün 21, D-7620 Oberwolfach.
Österreich (Auswahl)
Naturwissenschaftlicher Verein für Kärnten, Fachgruppe Mineralogie, Museumsgasse 2, A-9020 Klagenfurt.
Vereinigung Salzburger Mineraliensammler, Rudolf Buttinger, Schlößl 32, A-5151 Nußdorf.
Verein Ost-Österreichischer Mineraliensammler, Wilhelm Niemetz, Servitengasse 12, A-1090 Wien.
Schweiz (Auswahl)
Schweizerische Vereinigung der Strahler und Mineraliensammler SVSM, Beatrix Meyer, Postfach 71, CH-2500 Biel 8.

© 1992, Franckh-Kosmos Verlags-GmbH & Co., Stuttgart
Alle Rechte vorbehalten
ISBN 3-440-06403-4
Lektorat: Rainer Gerstle und Bärbel Oftring
Grundlayout: Jürgen Reichert
Herstellung: Lilo Pabel
Printed in Italy/Imprimé en Italie
Satz: Kittelberger, Reutlingen
Reproduktion: Repro GmbH, Fellbach
Druck: Printers, Trento

Die Kristallsysteme

Alle Kristalle lassen sich in ein System von sieben Kristallklassen einordnen, die durch eine unterschiedliche Symmetrie unterschieden werden.

Kubisch   z.B. Galenit, Halit, Kupfer, Granat

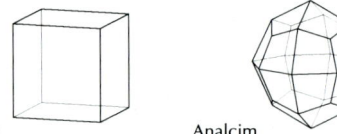

Halit

Analcim

Tetragonal   z.B. Anatas, Wulfenit, Rutil, Scheelit

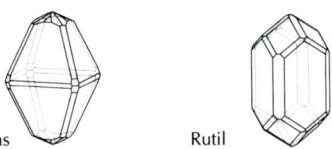

Anatas

Rutil

Hexagonal   z.B. Apatit, Graphit, Pyromorphit, Quecksilber

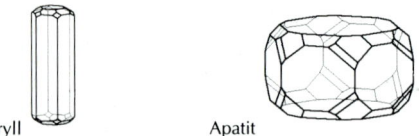

Beryll

Apatit

Trigonal   z.B. Calcit, Dolomit, Korund, Millerit

Calcit

Dioptas

Orthorhombisch   z.B. Anglesit, Coelestin, Schwefel, Topas

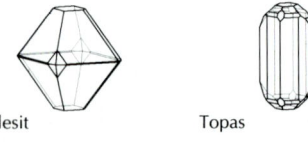

Anglesit

Topas